负责到底

（钻石版）

钱 前◎著

中华工商联合出版社

图书在版编目(CIP)数据

负责到底：钻石版 / 钱前著. -- 北京：中华工商
联合出版社，2019.11

ISBN 978-7-5158-2592-2

Ⅰ.①负… Ⅱ.①钱… Ⅲ.①成功心理－通俗读物
Ⅳ.①B848.4-49

中国版本图书馆CIP数据核字 (2019) 第 211319 号

负责到底：钻石版

作　　者：	钱　前
责任编辑：	吕　莺　董　婧
封面设计：	彭明军
责任审读：	李　征
责任印制：	迈致红
营销推广：	王　静
出版发行：	中华工商联合出版社有限责任公司
印　　刷：	河北飞鸿印刷有限公司
版　　次：	2020年5月第1版
印　　次：	2020年5月第1次印刷
开　　本：	710mm×1020mm　1/16
字　　数：	130千字
印　　张：	16
书　　号：	ISBN 978-7-5158-2592-2
定　　价：	38.00元

服务热线：010-58301130
销售热线：010-58302813
地址邮编：北京市西城区西环广场A座
　　　　　19-20层，100044
http://www.chgslcbs.cn
E-mail: cicap1202@sina.com(营销中心)
E-mail: gslzbs@sina.com(总编室)

　　负责到底，顾名思义即一直承担到（某项事情）完毕、结束或完成。人做工作关键就在于对工作要有负责到底的态度。一个人如果有能力但干工作不彻底，那也不是一个有责任心的人，因为他没有负责到底的精神。

　　优秀的人往往不是最聪明最能干的，但一定是最负责任的，而最负责任的终极体现就是负责到底精神。人因为有了负责到底的心就不会怕困难，有了负责到底的心就会敢于挑战，有了负责到底的心就会持之以恒，有了负责到底的心就会铸就成功。负责到底的员工会全身心扑在工作上，会在平凡的工作中创造奇迹；同时工作能力也会不断提高。

　　所以，当你觉得做工作枯燥乏味时，不妨扪心自问：我真正负起责任了吗？我对工作有负责到底的精神吗？

负责到底的人无论做什么，都会努力到极点；负责到底的人无论从事什么职业，都会有不松懈的精神；因为他们具备了世间一种最可贵的精神——负责到底的精神。

成功来之不易，付出与得到是成正比的。人只有无私地付出，才有可能收获更多的美好。所以只有负责到底的人，才能给自己的人生交上满意的答卷。

目 录
CONTENTS

| 第四章 |

负责到底就是不后退

| 第五章 |

负责到底就是消灭"不可能"

| 第六章 |

负责到底就是履职担责

第一章

负责到底是责任心的
终极标准

有责任心还不够，还要有负责到底的精神

适应岗位是工作基础，负责到底是最高目的

责任感越高，使命感越大

做负责到底的主人翁

心怀感恩，百分百奉献

精益求精是负责任的具体化

成功是用责任心培育出来的

带着责任第一的使命感前行

有责任心还不够，还要有负责到底的精神

■ ■ ■ ➤

成功者无论做什么职业，之所以成功，都是因为有一份超强的负责到底的责任心。

现代社会，拥有专业化知识是必需的，但也是不够的，因为干工作，成功者和平庸者的分水岭是什么？就是看是否责任在肩，是否有负责到底的精神。

王永庆开米店之初，由于他的米店铺面小，地处偏僻，又没有知名度，因而很少有人光顾。为打开销路，王永庆开始想办法了。

那时候，市面上稻谷加工普遍非常粗糙，大米里有不少糠

谷、沙粒。买家卖家都习以为常。但王永庆决定以此为突破口，下大力气改善米的质量，他筛簸米中的沙粒、米糠，使自己的米纯净质优。同时，王永庆还改善服务质量，不但送米上门，而且还帮顾客腾清、洗刷米缸，把新米放下层、陈米放上层。他做每一件事情都非常负责到位，就像给自己家干活一样，买他米的顾客开始多了，同时也都很受感动。

王永庆还有一个小本子，上面详细记载了买米顾客家米缸的容量、人口以及月用米量的多少等，当他估计该顾客米快吃完时，就主动将米送上门。这样，时间一长，买他米的人都认可了他的米店，说他的米店质量优良，服务周到，信誉好。他的米店生意日益兴隆起来。

稍有积蓄后，王永庆又开了一个碾米厂。王永庆每天早开工晚收工，比隔壁日本碾米厂多开工四个半小时。这样，他的碾米厂碾出的米比日本机器碾出的米还好，在嘉义米行中取得了好口碑。

永庆米行在嘉义20多家米行中排在第3位，而他隔壁日本人的米行则排在第4位。

抗日战争期间，因粮食实行配给制，王永庆无米可卖，于是转行经营木材。他同样采取负责到底的工作精神，日本投降后百业待兴，王永庆经营的木材业得到了大发展的契机，到1946年，他的资本积累已达到5000万元台币。

在20世纪50年代初，王永庆开始经营塑胶产业。他还是以负责到底的精神对待工作，因此他在塑胶产业中同样取得了令世人震惊的业绩。

根据台湾《天下杂志》20世纪70年代的调查，王永庆开创的台塑集团已成为台湾各企业集团的"龙头老大"，拥有员工近7万人，营业额近3800亿元新台币；台塑集团六轻厂完工投产后，乙烯产量将超过日本、韩国的各大厂家，居亚洲第一，跻身全球十大厂之列。连他的竞争对手也不得不由衷地佩服王永庆，称他为台湾的"经营之神"。王永庆还获得了"塑胶大王"的美誉。

1975年1月，美国圣约翰大学授予王永庆荣誉博士学位，他在授予仪式上说："我幼时无力进学，长大后必须做工谋生，也没有机会接受正式教育，像我这样一个身无专长的人，永远感觉只有充满责任心的刻苦耐劳才能补己之不足。"

成功的人不一定是最聪明的人，或是最有专业优势的专家、学者，但一定是具有负责到底精神的人。人有了责任心，肯下苦功，不会因前进道路上的任何困难而退缩，而是坚持不懈地朝着自己的目标努力奋斗，并不断地对自己提出更高的要求，唯有如此，才能成就一番大事业。

在这个世界上，各行各业的专家们比比皆是，他们可能靠知识及做好专业工作而小有成就，可真正能够有所建树、为人所钦佩的成功者只靠知识及做好专业是不够的，他们有一种常人所不能及的负责到底的责任心，正是这种责任心让他们在事业上取得了辉煌成就。

如果我们不把工作当成一份谋生的职业，而是把工作当成事业，就不会仅满足于"去做"，而会带有负责到底的责任心去做。

人有了负责到底的精神，即使是在做一件最微不足道的事情，也会使之变得有意义。负责到底做工作，让工作不再是谋生的手段，而是一份崇高的事业。

适应岗位是工作基础，负责到底是最高目的

▬ ▬ ▬ ➡

美国富豪、"石油大王"约翰·D·洛克菲勒曾在给儿子的信中这么写道：

"我永远也忘不了我的第一份工作——簿记员工作，那时我虽然每天天刚蒙蒙亮就得去工班，而办公室里点着的油灯又很昏暗，但那份工作从未让我感到枯燥乏味，反而令我着迷和喜悦，连办公室里的一切繁文缛节都不能让我对它们失去兴趣，凭着这样的热情，我把这里的一切工作当成自己的事业而做得一丝不苟，而结果是雇主总在不断地为我加薪。

"老实说，我是一个野心家，从小就想成为巨富。对我来

说，我受雇的休伊特·塔特尔公司是一个锻炼我能力让我一试身手的好地方。它代理着各种商品的销售，拥有一座铁矿，还经营着两项让它赖以生存的技术——那就是给美国带来革命性变化的铁路业和电报业。它把我带进了妙趣横生、广阔绚丽的商业世界，它让我学会了尊重数字与事实，让我看到了运输业的威力，更培养了我作为商人应具备的能力与素质。所有这些都在我以后的经商中发挥着极大的作用。可以说，没有在休伊特·塔特尔公司对工作负责精神的历练，我肯定要在我的事业上走很多弯路。"

收入是一个人工作的副产品，适应岗位是工作初期要做的头等大事，而负责到底，做好该做的工作，并出色地完成该完成的工作，才是人的崇高职业理想。每个人辛苦工作的最高报酬，不仅仅是获得大量的金钱，而是要成为有责任的人，有负责到底精神的人。

每一个人踏入社会的第一份工作都是相当重要的，它是成就人生价值的起点。如何干好这份工作并从中收获职业荣誉感？首先要有负责到底的敬业精神才行。

事实证明，很多成功的企业家们，都把自己的第一份工作当成创立事业的基石，他们不仅认真对待自己第一份工作，还在第一份工作中培养了负责到底的精神。而这种负责到底的责任心最终让他们收获成功。

有责任心的人如果把工作当成事业来做，他会这样思考：我不仅是为我的老板干，更是为我自己干，我就是自己人生的总经理，自己命运的设计师。我要全力以赴地干好工作，敢于面对一切困难，主动解决一切问题，为工作奋斗，这样才能对得起自己的事业。

在动画片《美食总动员》里，一只爱做梦的老鼠做了一盘杂菜煲，结果打动了一位苛刻无比的美食评论家。这道菜，并不是照着哪本现成菜谱烹饪出来的。这只老鼠之所以成功，在于它热爱烹饪，愿意尽心尽力地想尽一切办法做好这道菜。这只老鼠在这道菜上所花的心思，是常人难以想象的——它甘愿冒着生命危险去寻找食材，日夜思考如何能让菜的味道变得更好。最终它成功了。

或许你很能干，或许你工作态度很认真，可是如果你对工作没有负责到底的敬业精神，缺乏强烈的负责意愿，你就不能把一件平凡的事情做成功，也不会有更大的发展。人在做任何一件事情时，能不能成功或许自己本身决定不了，但愿不愿意负责任并对事情负责到底，却是人可以做的选择。

比尔·盖茨在被问及他心目中的最佳员工是什么样的人时，他强调了这样一个根本观点：一个优秀的员工应该自始至终对自己的工作有负责到底的精神！也就是说，现代社会的好员工能干工作还不够，还要有负责到底的职业热情，负责到底地把工作当成一门事业来做的信念。

一位舞蹈老师经常提醒她的一位学生："如果你上台不紧张的话，那就是你离开舞台的时候了。"

一开始，这位学生并不能理解老师的话，心想如果自己有了无数登台的经验，哪里还会害怕上台？

后来学生渐渐明白了老师的话：在台上如果没有演好自己角色的职业激情和敬业态度，就是对自己、对观众、对艺术的轻慢，这样是不可能成功的。

那些每天早出晚归、忙忙碌碌的人，不一定是出色地完成了工作的人；那些每天按时打卡、准时出现在公司的人，不一定是有负责到底精神的人。

对很多人来说，每天的工作可能是不得已的谋生手段，工作倘若繁重对他们更是负担，他们没有职业激情，也从没想过要对自己的人生负责。他们认为，能适应岗位就行了，负责到底那是老板的事，他们只是为挣钱而工作，因而日复一日，年复一年，在工作中远离责任，不愿意为工作多付出一点，更没有将工作看成是获得成功的机会。也因此，许多机遇就这样白白流失。而真正工作出色的人，在"能干"工作的基础上，多了一份责任感，并且不以"能干"工作为满足，而以对工作负责到底为目标。

两个年轻女孩不约而同地看中了服装市场隐藏的机遇，各自开了网店。但经营一年下来，效果却有天壤之别。

一个女孩的经营很不顺利，整日为商品的销路不好而苦恼。其实只要进她的网店看看就不难找到原因：商品种类少，外包装也很简单，而且商品介绍中的图片不能完全表现商品本身的特点。这个女孩虽然从早忙到晚，貌似为生意费尽心思，其实大多是白费功夫，她并没有真正为商品细节负责到底地思考和用心解决出现的问题。

相比之下，另一个女孩开的网店生意却是蒸蒸日上，她是怎么做到的呢？原来，这个女孩进的服装不仅样式新颖，设计很符合现今服装的流行特点，同时还出售能够和衣服搭配的背包、配饰等，让很多想买衣服的人省去了特意再去寻找配饰的时间，搭配品还增加了自己的营业额。这个女孩把穿着自己网店里服饰的男女老少当作模特，拍成照片放在网上宣传，让人们一看就有想买的冲动。一句话，这个女孩的成功，不仅在于她能干，还在于她愿意把每一个商品最普通的细节竭尽全力地做到最好。她时常会考虑"怎样才能让我的东西卖得更好"。对她来说，开网店只是第一步，如何做好、扩大经营才是最终目的。

我们的确应该学学第二个女孩子的经商之道，因为不管是经商之道，还是工作之道，负责到底都是成功的根本。

很多人认为那些能够取得成功的人都是智力超人、能力超群的天才，其实，成功的人也都是一些普通人，他们之所以成功的关键，就在于具有责任心和负责到底的精神。

总之，能干工作、能适应岗位对一个想取得成就的人是远远不够的。必须要在工作上有负责到底的精神，负责到底会让人持续地提升自己，不怕困难，勇于挑战，化平凡为神奇，做出超越别人的成就。而得过且过，看似适应岗位，拿工作做养家糊口手段的人，会觉得工作像个"包袱"，越背越重，直至觉得厌烦。

责任感越高，使命感越大

━ ━ ➤

工作中，职位要求越高，责任感也就要求越高。所以，在现代企业管理中，责任感是一个人工作能力的重要衡量指标。一般来说，工作能力越强的人，责任感也就越强。

彼得·杜拉克认为：从事企业专有技术和高级管理的人一定要有高度的主人翁精神；从事企业重要工作的人责任感也应该更高，因为负责任的管理者才能带出好的团队。

美国独立公司联盟主席杰克·法里斯在业界被公认为是个很有责任感的成功人士，他曾对人说起他听到过的一个故事：

一个退伍军人，经朋友介绍来到一家工厂做仓库保管员，虽然工作很简单，无非就是按规定拿货、按时关灯，按时关好门窗，注意防火防盗等，但他却超乎寻常地负责任，不仅每天做好来往工作人员的提货记录日志，将货物有条不紊地码放整齐，还从不间断地对仓库的各个角落进行打扫清理。

三年下来，仓库没有发生一起失火失盗案件，每次工作人员提货都会在最短的时间里提到所需要的货物。

在建厂20周年庆功会上，厂长按老员工的级别，亲自为他颁发了5000美元奖金。好多老员工不理解，他才来厂里三年，凭什么能够拿到这个老员工的奖项？

厂长看出大家的不满，说道："你们知道我这三年中检查过几次咱们厂的仓库吗？一次也没有！这不是说我工作失职，其实我一直很了解咱们厂的仓库保管情况。作为一名普通的仓库保管员，他能够做到三年如一日地不出差错，而且积极配合其他部门人员的工作，对自己的岗位忠于职守，勇于负责，他真正做到了爱厂如家，我觉得这个奖励他当之无愧！"

可见，只有真正领会到"工作意味着责任"的员工，才能领会到责任的重要性，百分之百负责任地完成自己的工作，不放过任何一个细节，这样的员工迟早都会得到加倍的回报，这样的工作态度一定会让自己取得事业上的大发展。

拿破仑曾经说过，"不想当元帅的士兵就不是好士兵"。作为企业中的一员，必须负责于岗位，负责于工作，这是员工应尽的责任与义务，没有这样的责任感和使命感，就无法胜任工作。

一个人如果在工作中永远充满了责任感、使命感，就会工作愉快，就会在工作中出成就，让自己的人生"出彩"。

现在，南丁·格尔的故事已广为人知。这个故事告诉我们，责任赋予人的使命是何其伟大。

在斯特拉特福子爵为克里米亚战争举办的晚宴上，人们做了一个游戏，军官们被要求在各自的纸片上秘密地写下一个人的名字，这个人要与那场战争有关，并且他们需认为此人是这场战争中最有可能流芳百世的人。结果每一张纸上都写着同一个名字：南丁·格尔。

南丁·格尔是那场战争中赢得最高声誉的人，后来被誉为"护理学之母"，她创立了真正意义上的现代护理学，使护理工作成为一种受人尊敬的正式的社会职业。

南丁·格尔的故事告诉我们：一个人来到世上并不是为了享受，而是为了完成自己的使命。南丁·格尔正是在对她所热爱的护理工作的强烈责任感的驱使下，在短短3个月的时间内，使伤员的死亡率从42%迅速下降到2%，创造了当时的奇迹。

南丁·格尔带着护士小分队来到了简易的战地医院，在几个小时内，成百上千的伤员从巴拉克战役的战场上被运回来，而南丁·格尔能在这个杂乱的环境中把事情安排得井井有条。

当各种事务都在有序地进行时，她自己就去处理其他更重要的事情。在她负责的第一个星期，有时她要连续站立20多个小时来分派任务。

一个士兵说："她在空闲之余和一个又一个的伤员说话，向更多的伤员点头微笑，我们每个人都可以看着她落在地面上的那亲切的影子，然后满意地将自己的脑袋放回到枕头上安睡。"另一个士兵说："在她到来之前，这里总是乱糟糟的，但在她来过之后，这儿圣洁得如同一座教堂。"

一位和她一起工作过的外科医生说："我曾经和她一起做过很多非常重大的手术，她可以在做事的过程中把事情做到非常准确的程度……特别是救护一个垂死的重伤员时，我们常常可以看见她穿着制服出现在那个伤员面前，俯下身子凝视着他，用尽她全部的力量，使用各种方法来减轻他的疼痛。"

为什么南丁·格尔具有这些非凡的能力？不是因为别的，而是高度的责任心、强烈的使命感，使她具有常人所不能及的非凡的能力。

责任具有至高无上的价值，它是一种伟大的品格。科尔顿说："人生中只有一种追求，一种至高无上的追求——就是对责任的追求。"

所以，无论你所在工作的是什么岗位，只要你能认真地、勇敢地担负起责任，你所做的就是有价值的，你就会获得别人的尊重和敬意。责任担当无论难易，只要有负责到底的精神，就会把事做好。

世界上，每一个人都扮演着不同的角色，每一种角色又都承担着不同的责任，从某种程度上说，对角色饰演的最大成功就是对责任的完成。

正是责任心和使命感，让人们在困难时能够坚持，让人们在成功时不松懈，让人们在绝望时看到希望。责任感、使命感是成功的重要法宝，也是成功者必备素质。

做负责到底的主人翁

▬ ▬ ▬ ➤

有人说："企业家是世界上最苦、最累、最孤独、最不容易的人。当你将一件事看成是事业的时候，就算有千万种困难，你都必须去面对、去解决；当事业难做，甚至做不下去时，你都得咬牙坚持，就算和你一起战斗的战友一个个舍你而去，只要你一息尚存，都必须熬下去。"

企业家精神是什么。是负责到底的主人翁精神。主人翁精神，就是把事业当作自己的事情来做。人一旦具有了这种精神，再苦再累也能乐在其中。

美国鞋业大王罗宾·维勒在事业刚刚起步时，为了在短时期内取得最好的效果，他组织了一支研发队伍，制作了几种款式新颖的鞋子投放市场。结果订单纷至沓来，以至于工厂生产忙不过来。

为了解决这个问题，工厂招聘了一批生产鞋子的技工，但还是远远不够。这可怎么办，如果鞋子不能按期生产出来，就不得不给客户一大笔钱作为赔偿。

一天，罗宾召集大家开会研究对策。主管们讲了很多办法，但都行不通。这时候，一位年轻的杂工举手要求发言："我认为，我们的根本问题不是要找更多的技工，其实不用很多技工也能解决问题。"

"为什么？"

"因为真正的问题是要提高生产量，增加技工还会增加成本。"

大多数主管觉得杂工的话是废话，但罗宾却不这样认为，他鼓励杂工讲下去。

杂工说："我们可以用机器来生产鞋。"

机器生产鞋，这在当时可是无法想象的，当即引起哄堂大笑，许多人说："小兄弟，用什么机器做鞋呀，你能制造出这样的机器吗？"

小杂工在众人的嘲笑声中不好意思了，但是他的话却深深触动了罗宾，罗宾说："这位小兄弟指出了我们的一个思想盲区。我们一直认为我们的问题是要招更多的技工，但这位小兄弟却让我们看到了真正的问题是要提高生产量。尽管这位小兄弟不会创造机器，但他的思路很重要。因此，我要奖励他500美元。"

后来，罗宾根据小杂工提出的新思路，组织专家研究生产鞋子的机器。4个月后，产鞋的机器生产出来了，从此，世界进入了用机器生产鞋子的时代。罗宾·维勒成为美国著名的"制鞋业大王"。

主人翁精神就是员工把企业当家，如今一些员工认为，给公司提建议需要冒很大的风险，比如受到领导的猜疑、同事的排挤等，甚至还需要付出不必要的时间和精力；更有一些人认为，公司发展的好、坏与自己没有多大的关系，因此，总是一副事不关己、高高挂起的样子。而一旦公司遭遇了各种危机，有些员工不是躲在一边说风凉话，就是安于现状，听之任之，更不可能提出解难的"妙招"。这些其实都是不负责任的心态，也是不具备主人翁精神的表现，可想而知，这些人又能在工作中做出什么优秀的成绩?

我们再来看一个故事:

1880年,乔治·伊斯曼创建了柯达公司。

在1889年的一天,乔治·伊斯曼收到一名普通工人写给他的建议书。这份建议书内容不多,字迹看起来也不优美,但却让他眼前一亮。

这名工人建议生产部门将玻璃窗擦干净。对于这样的问题,在乔治·伊斯曼以前看来,是小得不能再小的一件事了,但是此时的伊斯曼却看出了其中的意义。

这个建议很好!乔治·伊斯曼立即召开表彰大会,发给这名工人奖金。同时,"柯达建议制度"由此应运而生了。

一百多年过去了,柯达公司员工提出的建议接近200万个,其中被公司采纳的超过9万个。柯达公司员工因提出建议而得到的奖金每年在150万美元以上。

在1983年至1984年,该公司因采纳合理化建议而节约资金1850万美元,为此,公司拿出了370万美元奖励建议采纳者。

著名的"柯达建议制度"就这样传了下来。可以说,如果没有员工进言献策的主人翁精神,柯达公司是无法成为跨国企业的。

具有主人翁精神的人拼命工作绝不只是为了赚钱，他们将自己融入了公司，把自己当成公司的一分子，而支撑他们的是他们负责任的精神和高度的责任心。

很多年前，纽约有一个小姑娘，到一家裁缝店应聘杂工。上班时，她经常看到上层社会的女士们乘着豪华轿车来到店里试穿漂亮衣服。这些女士穿着讲究，举止得体。小姑娘想：总有一天，我也要有自己的事业，成为她们中的一员。

从此，每天工作开始前，这个小姑娘都要对着试衣镜很开心、很温柔、很自信地微笑。虽然她只是穿着粗布衣裳，但她想象着自己就是身穿漂亮衣服的女士。

这个小姑娘待人接物时彬彬有礼，落落大方，深受顾客的喜爱，虽然她只是一名打杂女工，但由于她总是想象着自己就是店里的主人，因此，她热情主动地为每一位客人提供着周到的服务。她工作积极，加班时从不抱怨，她的尽心尽力的主人翁精神深得老板信赖，很快，老板就把这家裁缝店交给小姑娘打理了。渐渐地，小姑娘名字"安妮特"叫响了，最终她成为一名著名的服装设计师，有了自己的服装品牌和事业。

安妮特的成功，最重要的一点在于她有强烈的主人翁精神。

当她还一无所有的时候，她就敢于"想象成功"，渴望能达到成功的境界。事实上，当一个人的信念坚定，自我价值在内心得到充分的发挥后，再加上强烈的主人翁精神，成功将是不可阻挡的。

心怀感恩，百分百奉献

■ ■ ■ ➡

感恩既是一种良好的心态，又是一种奉献精神，当人以感恩图报的心情工作时，会工作得更愉快，工作得更出色。所以，无论做什么工作，都要怀有感恩之心，这样，才能百分百做奉献。

克莱门斯就是这样一位心怀感恩、做事追求尽善尽美的人。在他还是美国考克斯有线电视公司的一名年轻工程师时，他就对工作时时充满着责任心。除此之外，他并不满足于在工作时间内认真负责地把工作做好，工作时间之外，他也关心与公司相关的每件事、每个细节。

一天早上，克莱门斯到一家器材行去购买木料，无意中听到有人抱怨考克斯公司的服务不好。那个人越说越起劲，结果听的人也越来越多。

克莱门斯此时正在休假，他大可以置若罔闻，直接走开。可是他却走上前去说道："先生，很抱歉，我听到了你对大家说的话。我在考克斯公司工作。你愿不愿意给我一个机会改善这个状况？我向你保证，我们公司一定可以圆满解决你的问题。"

那人脸上的表情非常惊讶。克莱门斯径直走到公用电话旁给公司打了个电话，公司立即派出了修理人员到那位顾客家中去等他，帮他解决了问题。后来克莱门斯还给那位顾客打了个电话回访，确定他对一切都满意，这样事情才到此为止。

这只是克莱门斯处理工作以外事务中的一件小事，在他的理念中，他把公司当作自己的家，像爱护家一样爱护公司的声誉。

感恩应该是一种人生的习惯和工作态度。感恩能够增强人工作的激情，开启神奇的力量之门，发掘出无穷的潜能。如果一个人每天都带着一颗感恩的心去工作，相信工作时的心情自然是愉快而积极的，而以这样的心情投入工作，就不会只满足于完成工作，而是会百分百奉献自己的一切。

工作中，一个人是否能够付出百分百的努力，除了能力之外，与心态也有着很大的关系。在职场中，私心杂念过多的人是缺乏责任心和主人翁精神的；而总觉得公司和老板亏待自己的人也是没有感恩之心的，因而不会用心去工作；那些漠视责任、不负责任的人更是既不对工作认真，最终也是损害自己前途的人。

业务员张静在谈到她破例被派往国外公司考察时说："我和上司虽然同样都是研究生毕业，但我们的待遇并不相同，他职位比我高一级，薪金也比我高出很多。但庆幸的是，我没有因为待遇不如他就心生不满，仍是认真工作。

当许多人抱着多做多错、少做少错、不做不错的心态时，我尽心尽力地做好我手中的每一项工作。我甚至会积极主动地找事做，了解上司有什么需要协助的地方，事先帮上司做好准备。

我在参加工作前，父亲曾告诫我三句话：'遇到一位好老板，要忠心为他工作；假设第一份工作就有很好的薪水，那是你的运气很好，要感恩惜福；万一薪水不理想，就要懂得跟在老板身边学功夫。'我将这三句话深深地记在心里，自始至终秉持这个原则做事。即使起初位居他人之下，我也没有计较。但一个人的努力，别人是会看在眼里的。在后来挑选出国考察学习人员时，我是唯一一个资历浅、级别低的业务员。这在公司里是极为少见的。"

张静的感恩心态最终让她前程似锦。我们身边有太多的人，抱怨职位太低，抱怨怀才不遇；对于手边的工作，要么不屑一顾，要么认为干这样的小事是屈才了，甚至还天真地想，只要公司和老板能把他们放到领导的位置上，他们必能大干一场。殊不知，成功与否不取决于职位的高低、工作的"好坏"，关键在于做事者是否有责任心，有感恩之心。

有人说，有责任心的人一定是懂得感恩的人。这话一点不错。所以，在你的职业生涯中一定要懂得感恩，有高度的责任心，多为公司、为团队考虑，不要仅局限于自己工作中那点事。任何人，无论担任何种职位，不管你是机修工还是推销员，不管你是技术开发人员还是部门经理，哪怕你仅仅是一名清洁工，只要你在公司这条"船"上，就要和公司同舟共济，对工作尽心尽职，为维护公司的利益和形象献计献策。

一个心怀感恩的人，会把公司的发展当作自己的使命，把公司视为实现自身价值和梦想的舞台，与公司共成长，将自己的潜能发挥到极致。

精益求精是负责任的具体化

■ ■ ■ ➡

工作需要精益求精，甚至是尽善尽美。公司给你一个工作岗位，实际上是给了你一个自身发展的平台，你应珍惜这个机会，认真地对待工作。现代企业管理推行精细化管理，而精细化管理，须做到尽善尽美，而这离不开高度的使命感和负责到底的精神。

负责到底是职业道德的一种体现，同时也是一个人品行的反映，负责任的员工对工作中的每一个细节都应认真对待，精益求精。

荣事达集团公司生产线上的工人每人都有一只皮带扣护套，

它是为了防止皮带金属扣划伤产品外观而特意设计装备的，这也是该企业推行"零缺陷管理"的一个小细节。

"零缺陷管理"是企业在生产过程中实行产品达标的质量保证体系。荣事达在开始推行时，曾有许多员工想不通，认为每天在生产线上忙碌，出一两个次品在所难免，很多人产生了抵触情绪。后来企业在某地商场举办一次促销活动，连开三台洗衣机都因一个小划痕无法让顾客满意，尴尬的场面让全体员工幡然醒悟，他们终于明白，只有每个员工在自己负责的生产环节和质量控制点上精益求精负责任地工作，才能避免产品出现缺陷，才能为企业创造利润和赢得声誉。

精益求精重在一个"精"字，就是不满足现有的成绩，而追求更高、更强、更好的成绩。精益求精是一种精神、一种态度，更是一条道路，一条通向创造完美品质的道路。

那么，如何做到精益求精呢？办法只有一个：从小节做起，从细微处做起。"小洞不补，大洞叫苦"。有负责到底精神的人绝不会放过任何一个小细节，而那些缺乏精益求精的敬业精神和责任感的员工则对工作采取得过且过的态度。

世界商业巨头沃尔玛曾提出"十英尺态度"和"八颗牙微

笑"，这均体现了沃尔玛服务追求精益求精的态度。沃尔玛主要经营的是各种"百姓商品"，除了低价外，还有一个引人注目的特点，就是提供"最佳服务"。为了实现这一点，公司制定了一系列具有可行性和可操作性的管理规则。有的规则近乎达到了苛刻或者说完美的程度。比如，要求员工保证做到，"当顾客走到距离你十英尺的范围内时，要温和地看着他的眼睛，向他打招呼并亲切地询问是否需要帮助"；对顾客微笑时要"露出八颗牙齿"，因为露出八颗牙齿微笑会让人感到真诚、亲切，而这种微笑也让人最好看。

精细化服务说起来容易做起来难，尤其做的过程中要有高度的责任心。没有责任心，许多精细化服务就会无法实现。

一个人工作的任务、范围是有限的，但工作的内容则是无限的。人只有在工作上精益求精，才可以不断地将自己的工作深化、细化，发挥出最大的工作潜力。

如果我们留意就会发现，有些员工即使在最平凡的工作岗位上，因为他精益求精的责任心，他的事业不断做大做强。

瓦伦格先生是个不起眼的修表匠，可他在当地人的印象里却是一个在工作上精益求精有着追求完美的责任高尚的人，他在钟表行业也颇有口碑。凡是来他这里修过表的人都会被他忘我工作、每个细节都要做到尽善尽美的敬业精神所打动。

即使顾客送修一个破旧的小钟表，他也要上上下下仔细检查一番才开始动手维修。心急的顾客说如果难弄就算了，如果能勉强凑合修，那就凑合修就行了，因为新买一个小钟表也花不了多少钱。

可瓦伦格却笑着说："既然我做这份工作，就要细心地维修每一个钟表、每一个零件，精益求精是对我自己负责，而与维修物品的价值无关系。"

是的，不论你从事什么工作，精益求精地做好每一件环节都是你的责任，因为只有这种工作态度，才能有助于你向更高的地方发展，做事也才会尽善尽美。

成功是用责任心培育出来的

◼◼ ◼ ➤

　　一个人，只有把工作当成毕生追求的事业，把它看得有如自己的生命一样重要时，才是懂得工作的意义。

　　有人说，对事业成功的强烈渴望，是一切成功的起点。人只有"钻进"事业的土壤中，才能拥有常人无法企及的责任心，才能突破自我极限，以坚强的毅力及韧性不断进取，激发起事业的使命感和自豪感，并以此为动力不懈地为之努力。

　　作为"给美国装上轮子"的人，亨利·福特是个典型的"钻进"事业土壤、把毕生的精力倾注于事业的人。福特怀着强烈的责任心，成立了福特汽车公司，并于1903年带领一批汽车专家及管理人才研制生产出物美价廉的"T型车"。

福特的责任心不仅体现于业务钻研上，在管理上他也有创新。比如他实行日薪5美元的新工资制，首创流水线生产方式，一系列划时代的创举使福特成为20世纪最有成就的企业家之一。这都是因为他对工作有着高度的责任心，以及负责到底的精神，最终成就了不朽的事业。

把责任心融入事业的人，不是不顾一切地盲目蛮干的人，也不是刚愎自用、一意孤行、自满自大的人，而是对自己的事业有追求的人，他们秉持着负责到底的精神，以澎湃的激情、顽强的韧性和不懈的意志，最终达到自己理想境界。

一个年轻女子，是某著名大学经济管理专业的高才生，毕业后进入一家公司工作。刚进公司时，她担任财务助理。这其实是一个空头衔，实际上，她更像一个打杂的，每天面对的是形形色色的报表，她要做的只是复印、装订成册，再复印、再装订成册……

在财务人员忙得不可开交时，她才有机会去帮帮忙。面对这样枯燥而又不太可能有发展机会的工作，她并没有抱怨或者得过且过。每次她在复印并装订报表的时候，会仔细地察看各种报表的填写方法，逐步学习财务知识并试着分析公司的开销，结合公司正在实施的项目揣度公司的经济管理情况。

在工作第8个月的时候，她书面汇报了公司内部一些她认为不合理的经济策略方案，并提出相应的改进意见。不到三年，她升为公司财务的中层之一。

当你把工作当作事业时，工作便成了你生命中不可缺少的一部分，你会愿意多付出自己的心血和汗水，你会不辞劳苦地埋头苦干，你不会因为工作压力、待遇不公、升迁无望等而生出诸多的怨言和愤懑，也不会有不如意、不称心、不想干的感觉，相反在工作中，你会更责任在肩，会更主动开拓、奋发进取，会更充分发掘自己的才能，勇往直前，追求生命价值的实现。

所有的成功都是用责任心的汗水浸泡来的，每一个成功者都有着高度的责任心，敢于付出不菲的代价，最终收获果实。

带着责任第一的使命感前行

■■■ ➡

马云曾问美国前总统克林顿这样一个问题："美国是世界上最先进的国家，也没有更好的榜样可以模仿，那么作为美国的领导人是靠什么来把美国带往前方呢？"

克林顿的回答是："靠一种使命感来领导美国前进的。"

这句话启发了马云，他说："任何一个公司都要有正确的使命感；如果只以赚钱为目的是做不大事业的，而以使命感为驱动力才有可能做成大事业。"

马云说：美国的通用电气公司，前身是爱迪生电灯公司。100年前，他们的使命是让全天下亮起来。带着这样的使命感，通用电气成为全球最大的电气公司。美国的迪士尼公司，他们的使命是让全天下的人都开心起来，这样的使命感使得迪士尼拍的电影都是喜剧片，也使这家公司收获了许多人的喜爱。"

思想家爱默生说："一心向着自己目标前进的人，整个世界都会为他让路。"是的，一个人，拥有了至高无上的使命，他的责任心会让他成为战无不胜的勇者。

世界上那些有所成就而富有的人，他们最初创业的动机也许是为了钱，但当他们的事业发展到一定程度时，为的却是一种使命，一种对社会的责任。

"经营之神"松下幸之助的使命是：领导企业，快速提升国民经济，让更多的人脱离贫穷。

零售业巨头沃尔玛公司总裁山姆·沃尔顿的使命是：以最低的价格为社会大众提供最优质的生活用品。

世界首富比尔·盖茨的使命是：让全世界每台电脑都使用微软的软件，服务全人类。

对待使命，职场人士一般有两种态度，一种态度是把使命当成普通事情来做，把薪水当作衡量使命的标准，并恪守"付出与获得"比例，不愿多付出一分努力。实际上，这些人是短视的，也不会有大的发展。另一种态度是把使命当成事业来做，不遗余力地尽心尽责做好工作上的每个细节，他们的责任心和使命感会使他们从平凡走向卓越，事业蒸蒸日上。所以，"做事情"与"做事业"，一字之差，但其中的责任心不同。

一个人承担的责任越多越大，证明他的价值就越大，所以，人应该为自己所承担的一切责任感到自豪。想证明自己最好的方式不用靠嘴说，承担责任，有担当，就会表现出来。责任心是保证事业成功的"基础"。

责任感是一种态度，"道德评价最基本的价值尺度"。一个人未必什么都会做，但是，当他做任何事情都很认真、很负责的时候，他就有可能凭借这种态度战胜困难，发挥自己的最大潜能。因此，责任心也是一个人做人的基础。一个没有责任心的人，往往对自己的行为不负责，有时甚至不顾最基本的底线准则，损害他人和社会的利益。

工作中，我们经常看到这样的情景：公司里组织卫生大扫除，有的员工要么溜号，要么敷衍了事；当同事生病需要其他员工帮忙时，有的员工开始谈钱，有的员工借口有事；食堂大师傅晚开几分钟卖饭窗口，有的员工发脾气，有的员工抱怨；厕所里的水龙头一直在流水，但好多员工进出却视而不见……"不承担自己该承担的责任"，这是现今有些员工的"工作品质"。

美国总统林肯认为每个人应该有这样的信心：人所能负的责任，我必能负；人所不能负的责任，我亦能负。是的，每个人心中都应存有继续前行的使命感。因为努力奋斗是每个人的责任，人对这样的责任应怀有一份舍我其谁的信念。

第二章

负责到底
从勇担重任开始

有目标还需勤奋努力
专注是责任心的表现
勇于负责，勇于担责
拒绝抱怨和借口
最大限度地发挥能力
永不松懈的执着精神
机遇留给有准备的人
负责到底不存在"分内分外"

有目标还需勤奋努力

工作中，每一个人都希望把自己的工作做得更好，更出色，都希望通过自己的努力来增加收入，提升职位，获得认可。但只有目标还不够，还需勤奋努力，尽职尽责把工作负责到底，更快、更高效地做好工作。

没有人愿意一生一事无成，也没有人想在自己的工作中碌碌无为，但空怀远大的志向，整天得过且过，工作中遇难而退，只等的人，最后只能是好高骛远、自欺欺人。这些人一开始没有懂得远大理想和勤奋努力的关系，更没有奋发前行的信念，他们不是败在了别的地方，而是败在了空有幻想不去勤奋努力上，他们的目标定得再大再宏伟，不勤奋，不努力，目标或"梦想"最终也会变成水中月、镜中花。

那么，如何让自己成功？首先要有勤奋努力的精神，这其中包含了不惧困难、勇于挑战的无畏精神。当然目标的制订，不能是异想天开或是不切实际的夸夸其谈，而应建立在可行基础上。

另外，还要具有勇于承担的勇气。虽然目标实现中有些环节可能很棘手，要付出更多的努力，但责任在肩就会不怕困难，勇气是实现理想的基石。

实现目标是一个人责任心的体现，人只有踏踏实实地做事才能实现远大的目标，而勤奋努力的敬业精神和工作的责任使命感从细节中更能彰显，所以，如果能把小事做好，加上吃苦耐劳、负责任的工作作风，心存高远志向的人是能做出大事的。

当然，要把工作做好是需要注意方法的，比如：

（1）要勤做记录和计划，处理事务时要提高效率，多动脑，不拖延，以高度的责任心关注工作进展。

（2）定期向领导汇报最新的工作进展情况，有问题也要及时请示和汇报。

（3）把每天的工作及时总结，第二天的工作提前做计划。

（4）学会有效地分析信息，提高工作效率。

（5）平时多了解最新的相关资讯、相关知识和竞争对手的情况，分析市场数据，并把这些信息有效地运用于工作。

志存高远的人总会时时、事事比别人先行一步，他们不管处在什么工作岗位，总是把责任感和使命感融入高效能的执行力中。

专注是责任心的表现

■ ■ ■ ➔

　　法国作家罗曼·罗兰说：与其花许多时间和精力去凿许多浅井，不如花同样的时间和精力去凿一口深井。

　　德国"邮政女王"格蕾特·拉赫纳15岁进入一家邮政公司当学徒。她每天从早上7点开始工作，晚上10点钟才下班。工作时，她除了打包、填写邮件表单、打扫卫生、记账之外，凡是有关邮政工作的知识和经验，她都认真学习。她把她的第一份工作当作终生的事业来做，最初几年她从这份工作中学到的知识和技能为她以后的事业打下了坚实的基础，也成就了她一生的辉煌。

　　专注的员工，就像蜜蜂负责任地为自己酿蜜一样，永远督促自己从一朵花飞向另一朵花，他们采的花越多，酿的蜜也就越多，享受到的甜美也就越多。

专注是一种人生态度，也是一种对事业的责任感，只有工作专注的人，才能发挥自己的才智，才能克服困难，取得成功。

日本著名的企业家松下幸之助在当学徒的7年中专注学艺，他说："要做一个好的员工，不管资质如何超群，能力如何出众，但如果没有专注心，这些优势都无法发挥价值。一个成功者，首先要有专注的态度。"

李嘉诚14岁时，父亲去世了，他决定辍学，挑起家庭生活的重担。他经过了很长一段时间的努力，找到了一份茶楼跑堂的工作，这是他的第一份工作。李嘉诚知道，只有把这份工作当作自己的事业，才可能学到更多的东西并得到更多的回报。

他每天非常勤劳，表现非常出色，他成为茶楼中加薪最快的伙计，同时，在茶楼里接触各色生意人，听他们谈论生意经，也为他日后发展事业积累了第一份人生经验。正是这种专注的精神，让他积累了学识，开阔了眼界，最终成就了他的事业。

那么，如何做到专注呢？

首先，重在锻炼自己的精神注意力，当你干工作时，要试着去忘记别的事情，脑中只想着要干的事，让自己只能感到要干的事的存在，不被周围各种因素干扰。第二，平常要多做训练，比如眼睛定焦，保持眼神的专注。第三，做事时保持适当的紧张感。总之，就是放下杂念，集中注意力于一件事，这样，长此以往，专注的习惯就容易形成了。

科学家牛顿的天赋并没有明显的超人之处，然而他学习和研究都专心致志，简直到了入迷的地步。他常常一连几个星期都留在实验室里，直到实验完成。

有一次，他着迷搞实验，竟把手表当鸡蛋放到锅里去煮。又有一次，牛顿的朋友来看他，他把饭菜摆到桌上后，又一头钻进了实验室。朋友等得不耐烦了，就先吃起来，吃过后见他没回来，于是没有告辞就走了。牛顿做完实验后出来，一看桌上的盘碟，自言自语地说："我还以为没吃饭呢，原来已经吃过了！"说着又走进实验室去了。

人的成功固然因素很多，但专注的力量不可小觑。人做事专注，就会成为这方面的专家学者，再加上其他因素，比如，责任心、敬业等，成功就会指日可待。

勇于负责，勇于担责

◼ ◼ ◼ ➤

　　南非的德塞公园在建立之初通过国际招标，确定了一家德国的设计院。中标当时就有非议，许多南非人认为德国设计院的水平一般。结果建成后，市民们更是不满意了，觉得公园的一些地方不符合他们的审美观念。

　　后来南非人再建公园，就不用外国人了。20世纪70年代，南非人自己动手，修建了一个很大的公园——克克娜公园。

　　可是没想到，两年后发生的几件事却彻底颠覆了南非人对德国设计公园的看法。原来在雨季到来时，克克娜公园被大水所淹，而德塞公园却没有受此困扰。

原来德国人在修建公园时不但为整个公园建了排水系统，还将地基垫高了两尺。这些都是当初人们不能理解的地方，直到大水到来才显示出它的独特作用。

克克娜公园在举行集会时，因为公园大门过小造成了安全事故，这时人们才想到德塞公园宽敞的大门给他们带来很多的方便——而之前人们纷纷对德塞公园过宽的大门给予了批评，还认为它有点"傻"。

炎热的夏季，克克娜公园遮阳的地方太少，所谓的凉亭只是"花架子"，容纳不了多少人；而德塞公园纳凉的亭子，因为棚檐宽大，能容纳许多人。

几年后，克克娜公园的石板地磨损严重，不得不翻修；而德塞公园的石板地却坚如磐石，雨后如新。当初因为德塞公园的石板路投资过高，南非人差点叫德方停工。但当时的德国人非常固执，一定要坚持自己的做法，双方争得脸红脖子粗。当地人一度认为，德国人太死板、太愚笨。谁想到今天，德国人勇于负责的精神给南非人上了一课。

德国人在设计德塞公园时考虑到了南非的方方面面，包括天气与季节，地理与环境。德国人做事高度负责的责任心，使他们在德塞公园建成后，多少年来都不需要再完善，而克克娜公园设计时由于考虑不周，建成后总要修修补补，最终花掉了建德塞公园将近两倍的钱。后来，南非同行对德国同行说："你们好厉害呀！"德国人说："厉害吗？我们只不过是负责任地做好每一个细节罢了。"

人与人之间的智力差别其实很小，但成就却有天壤之别，关键就在于人的负责态度。同样的工作用不一样的态度去干，做出的业绩也会有天壤之别。其中的原因，恐怕不仅在于运气的好坏，而在于是否以一种敬业的责任心去用心做好每一个细节。

为工作而工作的人完成的只是岗位的任务，敢于承担责任的人才会把岗位的任务当成事业去做，并且会为做出的事情负责到底。

现今时代，德国人的负责任精神在世界上是口口相传的，但这是他们做出来的。美国作家门肯说："人一旦受到责任感的驱使，就能创造出奇迹来。"事实证明，人生如跑马拉松，只靠奋力不懈地奔跑是不够的，还要时时鞭策自己负责任，这样才能将事情做到最好。工作也是一样，负责任才能把事情做好做完美。

在著名的希尔顿大酒店长期流传着这样的一个故事：两个年

轻大学毕业生杰克和汤姆应聘到希尔顿酒店工作，起初他们对能来这样著名的酒店工作而感到非常兴奋，但令他们失望的是他们竟被安排去打扫卫生。

上班第一天，杰克和汤姆都还算积极地工作，可两个月过去了，他们仍在这样的岗位上继续工作，杰克开始不断地埋怨酒店和经理，打扫卫生也开始马虎了，整日总是踩着点来上班，还没到下班时间就赶紧洗澡然后冲出酒店。

但是汤姆却一如既往地用心地做着这样又苦又累又脏的工作，他不发牢骚，每天吹着口哨很早地就来到了酒店，然后从早到晚，都在不停地忙碌。晚上下班时，他总是把所有的角落清洗干净了才拖着疲惫的身体下班。他认为，工作不分贵贱，打扫厕所只是众多工作中的一个工种，作为一个新员工，不能对工作挑三拣四，无论做什么都应该负责任做好。

三个月过去了，杰克实在是忍不住了，就辞职了。而汤姆仍然每天努力地做好自己应做的工作。功夫不负有心人，付出总会有回报，又过了两个月，汤姆被叫到经理室，经理任命他做客房部主管。几年后，汤姆又做了餐厅部经理。可见，用心做好哪怕是最低微的工作，也能在平凡中焕发光彩。

人不敢负责是干不成大事的。有些人在求职时念念不忘高位、高薪，工作时却不能忍受工作的辛劳和枯燥；有些人在工作中总是推三阻四，不用心工作却寻找各种借口为自己开脱；有些人对工作毫无激情，生怕多付出一点辛劳，于是视工作为"苦劳"；还有些人对工作总是挑三拣四，眼高手低，怨这怨那……这些人都没有为工作负责到底的信念，即使有才干，最终也干不成大事。

1995年，在某公司，一台运料汽车在厂区里面漏了油，吃中餐的时候，几百名员工路过那里时都看见了那一大摊油迹，可是竟无人主动清理。

董事长后来看到后火冒三丈，下令将这件事情作为公司的典型失职行为，召开全体管理人员会议来谈这个问题。他认为这件小事体现了员工没有责任心，而管理者没有责任感的危机。

董事长说："这件小事比一台机器发生重大质量事故还要严重，因为如果员工没有责任心，那这样的团队就没有责任感和使命感，更谈不上执行力。我要求从上到下要进行彻底的反思和整改。"

是的，身为企业的员工，绝不应该抱有"公司又不是我家"的想法，应该多想想"不用老板交代，我还能为公司做些什么"。责任心就是对事情有责任意识，比如，关心公司，关心同事。人有了责任心，工作就有了真正的意义。老板要对企业有责任心，员工也要以老板的心态对待工作，多承担责任，这样并不吃亏，相反是在增加干事业的砝码。

一个没有责任感的员工不会是一名优秀的员工。只有那些敢于在工作中承担责任的人，才有可能被赋予更多的使命，才有资格获得更大的荣誉。

而缺乏责任感的员工，看似事不关己高高挂起，但失去的将是别人对自己的信任与尊重，因此，要想成为一名优秀的员工，就必须勇于担责。

负责与不负责做事，结果大不同。以员工心态工作还是以老板心态工作，结果也大不同。

拒绝抱怨和借口

- - - →

　　美国独立企业联盟主席杰克·法里斯曾谈到自己少年时的一段经历：

　　13岁时，法里斯开始在自家的加油站工作。父亲让他在前台接待顾客。当有汽车开进来时，法里斯必须在车子停稳前就站到车门前，然后去检查油量、蓄电池、传动带、胶皮管和水箱。法里斯注意到，如果他干得好的话，顾客大多还会再来。于是，法里斯总是多干一些，比如帮助顾客擦车身、擦挡风玻璃和车灯上的污渍。

　　有段时间，每周都有一位老太太开着她的车来清洗和打蜡。老太太的车车内地板凹陷极深，很难打扫。而且，与这位老太太极难打交道，每次当法里斯把她的车洗好后，她都要再仔细检查一遍，经常让法里斯重新打扫，直到清除掉每一缕细小棉绒和灰尘她才满意。

渐渐地，法里斯有了厌烦情绪，他抱怨老太太"鸡蛋里挑骨头"，认为自己没法子再为她服务了。但他的父亲却告诫他说："孩子，别抱怨，这是你的工作！不管顾客说什么或做什么，你都要记住做好你的工作，并以应有的礼貌去对待顾客。"

父亲的话让法里斯深受震动。后来他做出成就后认为，正是在加油站的工作经历，使他学到了最可贵的敬业精神——不抱怨。

"别抱怨，这是你的工作！"那些喜欢在工作中抱怨的人，或找借口推卸责任的人，是没有责任心的人，有时，他们确实需要这么一声棒喝。既然你选择了工作，就必须负责任地来接受它的全部，要知道，工作中出现问题，指责是正常的事，而人想成就大事，不抱怨、不找借口非常重要。

一个清洁工人如果总是抱怨垃圾的气味，他永远不能成为一个合格的清洁工；一个推销员如果总是对客户针锋相对，他永远不能创下优秀的业绩。想实现自己的目标、想取得成就的人，大都是拒绝抱怨和借口的人。这些人没有时间抱怨，也没有时间找借口，他们认真再认真地做好自己的工作，负责再负责地做好工作每一个环节。

王军是某工业大学机械工程专业的学生，专业知识过硬，脑子十分灵活，可惜的是，他的许多奇思妙想一旦在现实中受阻就会在抱怨中停止不做，因而在同事中落了个"空想设计师"的绰号。

王军的上司总是鼓励王军有想法就立刻行动，不要畏惧困难，要有责任心，可王军依旧是眼高手低，而且受情绪影响，情绪忽高忽低，别人劝他，他立刻针锋相对，后来，他被淘汰了，但他还很委屈，不知道自己为什么被淘汰，心中充满了抱怨。

天下没有不劳而获的果实，工作也不可能总是一帆风顺、事事遂心，难免会遭受困难和坎坷，比如，你的想法得不到上司的支持；比如，你的成绩受到其他同事的嫉妒；比如，你的成熟建议遭到他人的白眼；比如，你的热情受到客户的冷落，等等。但如果遇到困难就放弃、就抱怨或找借口不去执行，那你就没有职场人必备的职业素质——责任心，你只能在"失败的圈子"里打转。

所以，从现在起就拒绝一切抱怨和借口，自动自发地去做事，这才是对你的工作、你的人生应尽的责任。

最大限度地发挥能力

◼◼◼➡

　　社会在发展，企业管理要求更加精细化，每个人的工作职责范围也越来越明晰。工作中，只有最大限度地发挥潜在能力，才能承担起负责到底的职业精神。

　　最大限度地发挥能力，说说容易，做起来难。平时要在这四个方面加以修炼：一、向优秀的人士看齐，以他们为榜样，提高自己的水平。人只有把自己的水平提高，能力才会提高，修为也会提高。二、不断挑战自己，超越自己。只有不断挑战自己、不断超越自己，才会让自己更加卓越，这也是提高自己能力的重要方式之一。这个过程其实是痛苦的。但人只有经过这种痛苦，才能蜕变，才能超越自己。三、勇气智慧并加。勇气对人很重要，如果干什么都唯唯诺诺，不敢拼，不敢做，人的能力不可能发挥出来，也不可能得到提高。四、发挥自己的长处。每个人都有优点，发扬优点，补足短板，或让优点变得更加突出，规避缺点，这样也可提高自己的能力。

常常有刚踏入工作的年轻人，不愿为工作牺牲哪怕一丁点儿的私人时间，或者坚决拒绝加班，理由是：私人时间、下班后的时间是属于个人的。所以，如果没有加班费是不能干的。然而每位老板都希望自己的员工以公司为家，以事业为目标，在工作中培养出众的能力，发挥出自己的潜能，运用自己的智慧尽心尽力工作。

当然，每个人都有权利选择自己的工作，同样，老板也有权利选择最敬业、最负责任的员工。对于那些在工作中不负责任、能躲就躲，不愿意多花费时间和精力思考如何才能把工作做得更好而只是"做一天和尚撞一天钟"地打发时间的员工，老板会认为他们没有责任心，没有事业心，没有发展潜力。

一个星期六的下午，一位律师——他的办公室与艾伦的单位同在一层楼，走进来问艾伦他去哪儿能找到一位速记员来帮助他做完一些必须完成的工作。

艾伦告诉他，公司所有速记员都下班了，如果他再晚来五分钟，自己也走了。但艾伦同时也表示自己愿意留下来帮助他，因为帮忙是助人为乐的事。就这样，他们一直工作到深夜两点做完工作后，律师问艾伦应该付他多少钱。艾伦笑着回答："如果需付费，那就100美元吧，不过我愿意帮你把它做好，这是助人为乐的事。"律师笑了笑，向艾伦表示谢意。临分手，律师说："我会付你钱的。"艾伦却说："不用了，帮忙的。"

艾伦并没有真正想得到100美元。6个月之后，艾伦已经忘了这回事，但那位律师竟然真的这样做了。律师找到艾伦，交给他100美元，并且真诚邀请艾伦到他的公司工作，薪水比他当时所从事的工作薪水高出2倍。

艾伦不过是放弃了自己的休息，在业余时间为别人多做了一点工作，最初的动机出于乐于助人的愿望，但这一行为不仅为自己增加了100美元的收入，还为自己带来一份比以前更具有挑战性、收入更高的工作。

工作是人们成长过程中的另一所学校，仅仅能干工作是不够的，还需要在工作中不断提高自己的能力，让自己的智慧更好地为工作服务。

员工也不仅仅是在为老板打工，更是在为自己的未来铺路。所以，把平凡的工作当作一种属于自己的事业去开垦，去维护，在这一过程中充分发挥自己的最大潜能，让工作出彩，才是一个合格的职业人员。

要知道，现在的努力并不完全是为了现有的回报，而是为了未来的发展，所以，发挥潜能，做出成绩，才能让自己获得更高待遇和更好的工作机会。

永不松懈的执着精神

━ ━ ━ ━➤

有这样一组统计数据：

46%的推销员找过1个客户以后就放弃了；

25%的推销员找过2个客户以后就放弃了；

15%的推销员找过3个客户以后就放弃了；

只有14%的推销员，在找过3个客户以后仍继续努力下去，结果80%的生意是这些14%的推销员做成的，他们的成功不是基于机遇、方式和技巧，而是靠不懈努力、执着的负责精神。

在工作中，我们需要有负责到底的勇气和能力，更需要有永不松懈的执着精神，因为只有这样，才能更好地承担工作，做好工作。

一位保险公司的保险员曾经在前后大约三年的时间内，往一位顾客那儿跑了300余回，最后，终于成功地签订了合同。他说他还曾经有过8年间为一个客户来回奔波500多次的经历，终于使一份合同得以签订的事例。

每逢去拜访这样的顾客时，这位保险员都不抱怨，即使遇到顾客冷言相待，他仍然不急不恼，每每坚持拜访。

这位保险员永不松懈的执着精神让他业绩出众。

在美国曾有本书叫《不可阻挡》，作者是辛西亚·克西，这本书后来成为激励无数人的畅销书，书中记述了这样一个故事：

比尔·波特是美国成千上万推销员中的一个，但他的职场生涯要比一般人艰难得多。他在出生时大脑神经系统就瘫痪了，影响到说话、行走和对肢体的控制。

比尔长大后，人们都认为他存在着严重的生理障碍，州福利机关将他定为"不适于被雇佣的人"，专家们也认为他永远不可能工作。

但比尔的母亲一直鼓励他做一些力所能及的事情，她一次又一次对他说："你能行，你有责任为自己的人生做出点事情，你要相信自己能够工作，能够自立。"

比尔得到母亲的鼓励后，开始向从事推销工作的方向努力。他从来没有将自己看作残疾人，找工作的时候，好几家公司都拒绝了他，但比尔没有放弃。最后，怀特金斯公司勉强接受了他，但提出了一个条件——比尔必须接受没有人愿意承担的波特兰地区的业务！虽然公司条件苛刻至极，但毕竟有一份工作了，比尔当即答应了。

1959年，比尔开始第一次进行上门推销，他犹豫了四次，才鼓起勇气按响第一家人门铃。但第一家人没等他说完就关上了门，没有买他的商品，第二家、第三家也一样……但他坚持着，即使顾客对产品丝毫不感兴趣，甚至嘲笑他，他也不灰心丧气。第一天过去了，比尔没有成功，第二天、第三天过去了，比尔仍没有推销出一件产品，但他仍不放弃，终于，他用别人无法想象的责任心和超人的毅力，突破了零业绩的记录，并最终由小成绩做出了大成绩。

比尔的敬业负责精神让他发挥出正常人都无法发挥的能力，比尔也感动着无数的人。他每天花在上下班路上的时间有4个小时，当他晚上回到家时，已经筋疲力尽，他的关节很疼，偏头痛也时常折磨着他。但是，他不放弃。第二天准时上班，每隔几个星期，他还会打印一份顾客订货清单做汇总记录。由于他只有一只手是能用的，这项别人做起来非常简单的工作，他却要花去几个小时。但无论任务如何艰巨，工作多么辛苦，他都以高度的责任心顶住压力，尽已所能去争取业绩。

后来比尔负责的地区，有越来越多的客户家门被他敲开，他的业绩不断增长。在他做到第24年时，他已经成为公司中销售技巧最好的推销员了。

进入20世纪90年代时，比尔60岁了。怀特金斯公司此时已经有了6万多名推销员，不过，这些推销员全都开始通过先进的网络手段推销商品。但比尔仍然不放弃上门推销的方法。

1996年夏天，怀特金斯公司在全国建立了连锁机构，比尔再也没有必要上门推销了。这一年，他被评为公司历史上最出色的推销员、最忠诚的推销员，也是最富有执行力的推销员，公司把一份最高荣誉"杰出贡献奖"授予了比尔。并且让公司的销售员以他为榜样激励自己尽职尽责的工作，比尔的事迹在美国家喻户晓。

这就是永不松懈的执着精神具体的体现。很多员工争取成绩时想要100%，但工作时却不负责不敬业。

一家外贸公司的老板要到国外办事，而且要在一个国际性的商务会议上发表演说。他身边的几名主管忙得团团转，小吴负责演讲稿的草拟，小于负责拟订一份与外国公司的谈判方案。

在该老板出国的那天早晨，小于准时交上自己的方案，秘书问小吴他负责的文件准备得如何，小吴说道："昨晚我熬不住去睡了。反正我负责的文件是以英文撰写的，老板看不懂英文，待他上飞机后，我再写，然后把文件打好，发个电子邮件过去就可以了。"

谁知，老板一到机场就问秘书："小吴负责的那份文件和数据怎么样了？"秘书把小吴的话说给老板。老板闻言，脸色大变："怎么能这样？我已计划好利用在飞机上的时间，与同行的外籍顾问研究一下文件和数据，别白白浪费坐飞机的时间呀!"秘书听了，脸色顿时一片惨白。

一上飞机，老板就开始研究小于准备的谈判方案。这份方案既全面又有针对性，既包括了对方的背景调查，也包括了谈判中可能发生的问题和策略，还包括了如何选择谈判地点等很多细致的因素，老板想不到小于能在这么短的时间里准备好这么完备而又有针对性的方案。到国外后，谈判虽然艰苦，但因为对各项问题都有细致的准备，所以这家公司最终赢得了谈判。

老板出差结束，回到国内后，小于得到了重用，而小吴却受到了老板的批评。

可见，工作上，永不松懈的执着精神能让自己做工作尽职尽责，能让自己发挥出最大的潜力把工作做到出色。

杰出的员工应该像小于，因为这样的人才大有可为，并且在工作中能不断提高自己工作水平，而要像小吴那样，离被淘汰就不远了。

机遇留给有准备的人

    2008年，德力西家居电气京津冀大区办事处经理王团结被评为中国照明行业"十大金牌经理人"之一。此后，王团结又在德力西集团江苏省物流中心负责主要项目工程、设计院的联络以及网络建设等。

    王团结大学毕业后，带着对美好未来的憧憬，进入德力西江苏总公司成为一名普通业务员。尽管他有满腹的市场营销知识，可实战经验还是相当匮乏。

    于是，面对全新的工作环境，王团结每天早出晚归，带着地图、纸、笔、水，乘坐公交车穿梭在大街小巷中"找业务"。

有一次，一个好心的同事劝他说："你每天早出晚归，业务做得仍很一般，公司是不会重用你这样的人的，别瞎忙了。还是趁早另谋出路吧。"但王团结不服输，他认为只要努力是可以做出业绩的。

王团结坚信工作中遇到难题很正常，难题也不可怕，只要自己不怕辛苦，多干多动脑子就会找到解决方法。王团结不抱怨，兢兢业业工作，慢慢成为公司里的骨干。

机会总是属于有准备的人，在一次大型物流洽谈会上，王团结偶遇扬子石化的老总，恰巧这位老总有意找一家合作伙伴。王团结借此机会详细讲述了目前江苏低压电器的市场分布，以及德力西在江苏的各个网点，包括目前有多少家大中型企业使用德力西电器。

面对侃侃而谈的王团结，扬子石化老总当即决定与德力西合作。此后在短短一年内，德力西电气产品全面进入扬子石化。这次成功，让王团结信心倍增。

勇于开拓、有敬业奉献精神的王团结后来又抓住了许多机会，做了许多工作，并且承担了更重要的工作，顺利完成了公司每次给他下达的销售任务。

2006年，公司决定由王团结负责京津冀片区的销售工作。

2007年，德力西国际电工在广州建立照明公司，由王团结带队进入照明市场，推出"德力西家居电气"品牌。面对公司的新产品、新品牌、新市场，王团结领导的团队一次次踏上新征程。

回顾多年的职业生涯，王团结说出了"机遇是留给有准备的人"的肺腑之言。的确，这是千真万确的职场真理！工作对于员工来说不是"差使"或者"苦役"，是必须履行的责任，员工只有勇于接受工作上的挑战，勇担责任迎难而上，才有可能一步步迈向成事业的成功。

工作中遇困难想逃避是多数人所拥有的心理，这些人既没有勇气面对也不愿意迎难而上，但是逃避能解决问题吗？你逃避了应负的责任，问题还是解决不了，自己也不可能在工作中提升能力，而且你也不可能一而再，再而三找工作吧。

优秀的员工认为，工作就是解决一个又一个难题的过程，每个难题中既包含挑战又包含机遇，所以，不惧困难，面对困难，迎难而上，是对待工作最好的心态。

有一家牙膏厂，产品优良，包装精美，受到顾客的喜爱，营业额连续十年递增，每年的增长率在10%～20%。可到了第11

年，业绩停滞下来，此后两年也如此。公司经理召开高级会议商讨对策。

会议中，总裁许诺说：谁能想出解决问题的办法，让公司的业绩增长，重奖10万元并马上提拔晋升。

一位年轻经理站起来，递给总裁一张纸条。总裁看完后，马上签了一张10万元的支票给这位经理。那张纸条上写着：将现在牙膏开口扩大1毫米。是的，消费者每天早晨挤出同样长度的牙膏，但开口扩大了1毫米，就可多用1毫米宽的牙膏量，每天的消费量将多出不少!

公司立即进行技术改造，营业额迅速增加了32%，这个年轻经理后来受到了重用。

面对困难，很多人不敢承担责任，害怕承担责任甚至害怕失败或者做错，还有些人害怕自己比别人付出更多、嫌苦嫌累。其实工作越艰巨、越有难题，就越考验一个人的责任心和能力，假若你逃避了责任，你就永远不会进步，甚至最终在职场上成为没有勇气的懦夫和失败者。

有些员工本来才华出众、很有能力，但面对困难却不愿意解决，不敢承担应尽的责任，于是，工作粗枝大叶、漏洞百出，效率不高，甚至拖拖拉拉，直到上司过问才焦头烂额地应付了事，这都是责任心不够，工作不到位的具体表现。这种没有责任心的工作态度不仅葬送了他们的才华，而且泯灭了他们的能力，使他们本来有的显示才华的机会丧失殆尽。机遇不仅与他们无缘，他们自觉不自觉也远离了机遇。

负责到底不存在"分内分外"

　　每一个员工都应把负责任地工作看成是自己的使命，并做好工作。虽然没有义务做自己职责范围以外的事，但是，在工作的过程中，只要事关公司的事务，都不应该置身事外，袖手旁观。尽管做这些职责范围以外的事，会占用自己的宝贵时间。

　　一个人的成就是与他的责任心成正比的。如果你想要有所成就，就必须要有强烈的事业心，对工作不能有"分内分外"的意识。有些员工总爱说"这是我必须要干的""那不是在我职责范围之内"，等等，其实，工作不分内外，要有敢于承担责任的意识，这才是负责到底的精神内涵。

凯尔是一家银行的普通员工，他在工作中确实没出过大错，没受到过顾客投诉，他也不偷懒，但他从不多干一点点活，银行加班他总是有这事那事。

凯尔与大家也能和睦相处，但是每当需要他做额外的业务时，他从不自告奋勇；有时上司一定要他加班时，他就理直气壮地讨价还价，不是要求加班费就是要求给更多的报酬。他不像其他的员工那样，自动自发工作，主动为公司献计献策。他常说："我只是个小小的出纳，我为什么要做那么多？做好自己的事不出错就对得起工资了。"

在凯尔看来，工作等同于赚钱，如果工作不在自己分内，就得另外收费，他认为自己与老板之间仅止于雇佣关系，即我出卖劳力、脑力，公司付钱，如果多做了分外的工作就是吃了亏。因此，直到退休，凯尔仍然是一名普通的银行出纳员。

社会在发展，每个人走向社会都应不断成长，总强调"分内分外"的人是进步不了的。有些人把分内分外的工作"分得太清；还有些人为自己多干了工作斤斤计较。过于分清分内分外工作的人，是没有责任感和职业精神的表现。而一个勇于负责、任劳任怨、被老板器重的员工，不仅体现在认真做好本职工作上，也体现为愿意接受额外的工作，有主动为公司、为上司分忧解难的敬业精神。

人要想成功，除了努力做好本职工作以外，还要经常去做一些分外的事。因为只有这样，才能在工作中不断地锻炼、充实自己，提高自己的水平。假如有别的同事，把一些本来不应由你负责的工作交给你，或者你的上司在你已经忙得不可开交之时又吩咐你做另一件事，你也要尽量尽职尽责地接受并且干好，这样才是负责任的人，才能承担大任。

有一位在一家公司担任人力资源总监的先生讲述了这样一件事情：

我们公司的营销部经理曾带领他的团队参加某国际产品展示会。在开展之前，有很多事情要做，包括展位设计和布置、产品组装、资料整理等，需要加班加点地工作。

可营销部经理带去的安装工人中的大多数员工，却和平日在公司时一样不肯多干一分钟，一到下班时间，或回宾馆休息去了，或者逛街去了。

营销部经理要求大家加班干活，谁知有人竟说："没有加班费，干什么干啊。"更有甚者还说："下班时间到了，明天再说吧，何必那么卖命呢？"

在开展的前一天晚上，公司老板亲自来到展场，检查展场的准备情况。到达展场时已经是深夜一点，让老板感动的是，营销部经理和一名工人正挥汗如雨地趴在地上，细心地擦着装修时粘在地板上的涂料。老板问其他人干什么去了。营销部经理对老板说："我失职了，我没有能够让所有人都来参加工作。"老板拍拍他的肩膀，没有责怪他，却指着干活的工人问："他是在你的要求下才留下来工作的吗？"

营销部经理说这个工人是主动留下来工作的，在他留下来时，其他人还一个劲地嘲笑他是傻瓜："你卖什么命啊，老板又不在这里，你累死老板也不会看到啊！还不如回宾馆美美地睡上一觉或出去玩一玩！"

老板听了叙述，没有做出任何表示，只是招呼他的秘书和其他几名随行人员加入到工作中去。

当展会结束后，一回到公司，老板就开除了那天晚上没有参加工作的那些人，同时，将与营销部经理一同工作的那名普通工人提拔为安装分厂的厂长。

在我们周围，有很多人只做自己分内的工作，并将分内分外用明确的界线划分得很清楚，认为多做一点就吃亏，殊不知这是对自己工作能力提高的一个极大障碍。实际上，多做分外之事也许你没能立刻得到相应的回报，但不代表你会吃亏，很可能回报就会在不经意间以出人意料的方式出现——或者晋升或者加薪。

所以，工作没有分内分外，如果你是一名货运管理员，也许可以在发货清单上发现一个与自己的职责无关的未被发现的错误；如果你是一个过磅员，也许可以质疑并纠正磅秤的刻度错误；如果你是一名邮局工作人员，除了保证信件能及时准确到达，还可以做一些超出职责范围的事情，对地址不清的信件帮助查清……

不同的岗位工作有不同的职责，但是如果你除了做好本岗位工作，再多做一些分外工作，就等于播下了成功的种子。人做的分外工作，其实就是为自己增加负责任的砝码，也是对开展工作应有的负责态度。

第三章

负责到底就是
把事做对、做好

计划是完成任务的保证

◼ ◼ ◼ ➡

很多管理权威都指出："如果能把自己的工作计划清楚地写出来，便能更好地明确责任，进行自我管理，这样也会极大地提高个人能力。

按照彼得·德鲁克管理学的理论，计划有四个方面：1）目的性：计划工作旨在有效地达到某种目标。即首先就是确立目标，然后使今后的行动集中于目标，朝着目标的方向迈进。2）主导性：组织、人事、领导和控制等方面的活动，都是为了支持实现组织的目标。因此，计划职能在管理职能中居首要地位，具有主导性特征。3）普遍性：计划工作在各级管理人员及员工的工作中是必须存在的。4）效率性：计划的效率是指从执行计划到完成计划的时间。

用心做好计划，让工作有秩序，有条理，就犹如线穿珍珠，做起来有条不紊，能更好地完成任务；如果没有计划，没有条理，东抓一下，西抓一把，完成任务几乎是不可能的。

张翔是个性急的人，不管你在什么时候遇见他，他都表现得风风火火的样子。张翔在业务上做得虽然很努力，但是收效甚微。究其原因，主要是在工作安排上没有条理性。

而刘利与张翔恰恰相反。刘利做事前总是先踏踏实实地做规划，甚至连细节之处也做好；整个计划非常严谨，操作起来一目了然。因此他在工作上取得了不错的业绩。

计划工作是管理职能中最基本也是最重要的一个职能，因为计划工作既包括选定组织和部门的目标，又包括确定实现这些目标的途径。工作人员围绕着计划规定的目标去从事工作，以达到预定的目标。

计划工作是有责任心的体现，计划会让工作处理起来有序，既不会浪费时间，又能提高办事效率。所以，在工作中，使工作条理化，明确工作目标进度，并通过高效的执行力保证计划的实行，这是将责任落实到位的体现。

2003年，中国的神舟五号载人宇宙飞船成功飞入太空并安全返回指定地点，这是中国航天科技发展史上的一个里程碑。

要知道这样一个极其复杂的载人航天系统，是由500多万个零部件组成的，即使是有99%的精确性，也仍然存在着5000多个可能有缺陷的部分。

如何达到100%零缺陷呢？消灭5000多个可能存在的缺陷是目标。中国的航天科技工作者不仅做到了这一点，而且还做到了比这些还要多的精细检查，他们负责到底的精神保证了航天飞机顺利升空，他们的敬业精神值得所有人学习。

工作不能做到99%

■ ■ ■ ➤

　　如今每个公司里，有些岗位并不一定有那么多高难度的工作要求员工去做。因此把简单的事做好，从平凡的工作中走向卓越是一个有责任心的员工应有的职业素质。

　　约翰尼是一家连锁超市收银员，日复一日地重复着几乎不用动脑甚至技巧也不复杂的简单工作。但是，有一天，他听了一个主题为"建立岗位意识和重建敬业精神"的演讲，便想通过自己的努力使自己从事的单调工作变得更加有意义。

　　后来，他在工作中通过观察和思考总结出自己的"每日一得"，然后，每天晚上回家后，自己找彩色纸写出来，他每天写

100多份，在每一份的背面都签上自己的名字。第二天他在顾客收款时，就把这些写有温馨有趣或发人深省的"每日一得"纸条放入买主的购物袋中。

慢慢地，约翰尼对工作的责任心和对顾客的爱心使他成为超市人气最旺的店员。一天，连锁店经理到店里来检查工作，发现在约翰尼的柜台前排队的人比其他柜台前排队的人多出两三倍！经理大声嚷道："多排几队！不要都挤在一个地方！"可是没有人听他的。顾客们说："我们都排约翰尼的队——我们想要他的'每日一得'。"一个妇女走到经理面前说："我过去一个礼拜来一次商店。可现在我路过时就会进来，因为我很喜欢看那个有责任心的店员的'每日一得'，他真是个了不起的人！"

工作无高低贵贱之分，虽然岗位繁简各异，但不管多么平凡的工作，只要置身其中，就应该以负责任的态度全力投入，把简单的事做到最好。人只有各司其职，整个企业才能发展壮大。

小赵在一家单位的办公室工作了十年。他每天的工作内容之一，是在早上给各科室送报纸。虽然这事很简单，可他却倾注了极大的精力专心把它做好。十几个科室，分布在不同的院和楼，但他闭着眼都不会走错。

每次，小赵去送报纸，都带上足有半斤重的一大串钥匙。如果哪个科室没有人，他就要打开门把报纸放进屋再锁好门出来。一把把钥匙，大大小小，相似又不相同。然而小赵能准确无误地从众多钥匙中分辨出不同房门的不同钥匙，这一点，让他的领导十分吃惊。

领导问他："所有办公室的门使用的都是同一类型的锁，你怎么能这么快识别出开门的钥匙呢？"小赵笑着说："虽然是同一类型的锁，钥匙极其相似，但每一把钥匙的齿纹却不一样。"

熟悉每一把钥匙的齿纹，这看似简单的工作，却包含了极大的负责任精神。许多人面对一件看似简单的事情，从一开始就没有打算为此上心动脑，因为觉得那是在浪费精力，特别是有些梦想着"做大事"的年轻人，觉得每天简单重复的工作会扼杀他们的激情与梦想。殊不知，如果连简单的工作都不能做得得心应手，又有什么资格去做好大事呢？

任何工作只要全力以赴做到最好都会有与众不同的意义，因为每个人的工作都会直接或间接地影响整个企业。

有一家企业引进了德国设备，德国工程师在设备安装调试验收时，发现有一个螺钉歪了，但是它的紧固度没有问题。

而这家企业的工程师认为这没有什么大不了的，所有六角螺钉的紧固度不可能都一丝不差，"差不多就行了"。

德国工程师却坚持说："不，这完全可以做到。六角螺钉歪了，是因为在拧这个螺钉的时候，没有按照规范标准进行操作。"

后来通过调查发现，是中方安装工人的问题。按照技术操作标准要求，上这些大螺钉需要两个人共同完成，一个人固定扳手，另一个人拧螺钉。可是这家企业的操作却只有一个人上螺钉。

可见，简单的工作并"不简单"，有时看着简单的工作并不是每个人不费心思就能做好的。所以，重视"简单"的小事，全力以赴地把它做好，这样，你会从平凡的工作中走向卓越，用责任心为自己的事业打下坚实的基础。

2007年6月15日凌晨，一艘运沙船与佛山九江大桥桥墩发生严重碰撞，造成九江大桥三个桥墩倒塌，致使9人当场坠入江中，8人死亡，1人失踪。

后来调查发现，船长驾驶船途经九江大桥附近时，江面出现大雾，能见度变低。船长想当然地认为："这点雾算不了什么，可以正常航行。"于是，他并未指挥采取安全航速航行，也没有选择在安全地点泊锚，而是凭经验冒险航行。

在能见度如此差的情况下，值班水手本应站在船头协助瞭望，但事发时，值班水手却正在排水舱协助抽水！

在船偏离主航道后，船长曾隐约看到前方有两道灯光。他又想当然地认为，这两道灯光是主航道灯光。实际上，那是为扩建维修大桥而挂在桥墩上的灯。就这样，船撞了过去，惨剧发生了。

据了解，当时运沙船上装载有一部雷达、两部对讲机和一部CPS定位系统，拥有如此多的安全措施，居然还会发生这样的惨痛事故，原因何在？船长没有尽到责任，没有把责任心落实到底是悲剧发生的罪魁祸首。

所以，工作不能做到99%，往往差1%，可能就失败了。

什么叫不平凡，把平凡的工作做好即是不平凡。任何有成就的人都是经历了从平凡的过程走向卓越的过程。

责任第一，效率第一

工作效率，一般指工作投入与产出之比，通俗地讲就是在进行某任务时，取得的成绩与所用时间、精力、金钱等的比值。产出大于投入，就是正效率；产出小于投入，就是负效率。

工作效率是评定工作能力的重要指标。提高工作效率就是要求正效率值不断增大。

一个员工的工作能力如何，很大程度上看工作效率的高低。提高工作效率的关键在于要有良好的工作习惯。工作效率高低不仅体现了企业的管理水平，还体现出企业员工素质。

20世纪90年代中期，各类绘图软件开始深入建筑、家装、五金等行业。康宏集团某下属公司有一位年轻人很快接受了这一新兴事物，并且通过自学后运用到了工作中去。这个年轻人在绘图计算方面表现非常出色，而且效率很高。

但同部门另一位工程师却因循守旧，由于他此前手工绘图计算特别在行，手工绘制图纸漂亮，一直受人称赞。他看不起同部门的那个年轻人，仍坚持手工绘制图纸。

一次，领导交给他俩两个不同的绘图任务，那位工程师废寝忘食、没日没夜用了一个星期才绘制出来，而年轻人利用绘图软件只花了半天的时间就给绘制出来了。

领导大加赞赏年轻人，很快提拔年轻人，并让其给大家普及电脑知识。

同样工作，同样结果，一个人用了一个星期，一个人用了半天。相比之下，哪一个更加有效率？如果你是老板，你会更看重哪一个人呢？答案一目了然。

一个成功的企业背后，必然有一群效率卓越且业绩突出的员工。没有这些员工，企业的事业就无法继续发展下去。

在美国，年轻的铁路邮务生佛尔曾经和千百个其他邮务生一样，用陈旧的方法分发信件，而这样做的结果，往往使许多信件被耽误几天或几周之久。

佛尔开始想办法改革。后来，他发明了一种快速分拣信的方法，极大地提高了信件的投递速度。

佛尔升职了。五年后，他成了邮务局帮办，接着当上了总办，最后升任为美国电话电报公司的总经理。

责任第一不是一味地低头苦干，责任第一配合着效率第一，才是最有意义的。因为高效的执行力不仅能更好地让人履行责任，而且能使责任更快更彻底地落实。

安德鲁大学毕业后，被派到一艘驱逐舰上工作。这艘舰艇是3艘姊妹舰中的一艘，这三艘舰艇出自同一家造船厂，来自同一份设计图纸，在6个月的时间里进行训练，以备竞选。

被派到这三艘舰只上的人员，来源也基本相同，船员们经过同样的训练课程，舰艇从同一个后勤系统中获得补给和维修服务。

经过一段时间训练，三艘舰艇的表现却迥然不同。其中的一艘似乎永远无法正常训练，舰上的人也不按照规定进行演练，船很脏，水手的制服看上去皱皱巴巴，整艘船弥漫着一种缺乏自信的气氛。第二艘舰艇恰恰相反，不仅按照规定训练，同时在训练和检查中也表现良好。更为重要的是，每次训练任务都完成得非常圆满。船员们也都信心十足，斗志昂扬。第三艘舰艇则表现一般。

结果呢？只有第二艘舰艇能奉命出海作战，其他两艘舰艇及人员都被遣散回营地进行重新训练。

造成这三艘舰艇不同表现的原因在哪里呢？

安德鲁事后总结到：因为舰上的指挥官和船员们对"责任"对"效率"的看法不一。

表现最好的舰艇是由责任感强、追求效率的管理者领导的，而其他两艘不是。出海作战当然要选战斗力最强、责任第一、效率第一的队伍作战，而第二艘舰艇人员具有高度的责任心，追求效率第一，舰上每一个人都有建功立业，为责任和荣誉而战的信念，所以做到了战无不胜。

那么，如何提高责任、效率呢？责任的重要性必须时刻牢记，而提高效率则是管理的永恒主题。当然，采用新科技、引进新设备、实施新工艺都能提高工作效率，但这样的改变或提高不是天天都能进行的，要想提高责任心、效率，人的心态是第一位的。比如，向员工灌输责任的意识、提高效率的意识，以及同一时间的产出更多、绩效更高是提高效率之根本，等等。当然，提高员工技能、简化工作流程、建立激励机制也是必不可少的因素。

做好职业生涯规划

━ ━ ━ ➜

　　职业生涯设计目的绝不仅是帮助个人按照自己的资历条件找到一份合适的工作，而是为了达到实现个人目标，因此，在制订时，首先要真正地了解自己，为自己的未来负责任去思考，然后，拟定发展方向，根据主客观条件设计出合理且可行的职业生涯发展计划。

　　在竞争激烈的职场中，每个人都想成就一番事业，立于不败之地，然而达成愿望的人总是少数，多数人不能如愿。那么是这些人不够努力、不够奋斗吗？不是。许多人兢兢业业，辛辛苦苦工作了一辈子，却始终无成。原因何在？因为他们没有给自己设计好职业规划，他们没有用心思考实现人生价值应该如何付出努力。

小东是一个有志向的青年，大学毕业后，他很快就找到一份工作，在一家比较有实力的公司做销售员。他的老板非常看重他，有什么活动都叫着他，并且许诺他将有好的前程。可是试用期结束一谈工资，老板给他的月薪只有3000元，小东十分不满。尽管老板说将来看业绩再加薪，小东仍是辞了职，找到了另外一份工作。

这是一家机关单位，愿意接收他，并答应给他月薪3500元，小东动了心，小东没有考虑到自己的兴趣和特长是否合适于这家单位，就去上班了。在新的单位，他张扬的个性和谁都爱说的习惯似乎和机关事业单位的氛围十分不合拍，由于他口无遮拦，不久卷入一场风波，他只得辞职了。

再后来，小东又进入一家事业单位从事类似的工作。其实，他并不喜欢文字类的工作，有好多人都曾经跟他讲过，如果他做销售，将会是个"很厉害"的人物。这次他在这个单位工作了几年，逐渐磨灭了斗志，越发害怕风险，贪图稳定舒适，工作10年后，和他最初做销售的同学已经拿到年薪10万，而他还是一个月工资3800元的职员。

试想，如果当初小东不计较低工资，而是将眼光放长远些，也许现在已经成为一个年薪几十万的销售经理了。

有句名言说得好："你今天站在哪里并不重要，你下一步迈向哪里却很重要。"成功的人生需要有目的的规划，漫漫的职场之路，充满着竞争与挑战，更需要职场规划指导自己的行动。所以人只有用心为自己做好规划，才能树立正确的目标与理想，运用科学的方法，才能采取切实可行的措施，发挥个人的专长，挖掘个人的潜能，克服种种职业生涯中的发展障碍，最终实现成功的人生。

由此可见，做好职业规划是实现人生理想的前提，它可以及早地对自己的人生发展定位，使自己能更快地获得发展机会，沿着一条设计好的自我发展的人生道路到达成功的彼岸。

我们知道，通往成功的道路有千万条，但没有一条道路是没有目标的路。

对一个人来说，职业规划是一个人发展的一盏指路之灯。在进行职业生涯规划时，一般会从以下六个方面进行思考，多问自己几个问题：

（1）我是什么样的人？这是自我分析过程，以便对自己有个全面的了解。分析的内容包括个人的教育背景、性格倾向、兴趣爱好、身体状况、专长、思维能力和过往经历。

（2）我想要什么？这是目标属于展望的过程。包括职业目标、收入目标、学习目标、名誉期望和成就感。特别要注意的是学习目标，人只有不断确立学习目标，才能不被激烈的竞争淘汰，才能不断超越自我，登上更高的职业高峰。

（3）我能做什么，专业技能何在？人最好能学以致用，发挥自己的专长，在学习过程中积累自己的专业相关知识技能。同时个人工作经历也是一个重要的经验积累，能帮助自己判断能够做什么。

（4）我的职业支撑点是什么？我具有哪些职业竞争能力？我具备怎样的资源和社会关系？这些问题都需要认真思考，实事求是，因为这些会影响你的职业态度。

（5）哪些行业和职位是最适合自己的？社会工作中行业和职位众多，每个人都要选择适合自己的。要记住这个原则：选择最好的并不是最合适的，选择合适的才是最好的。

（6）我知道应选择什么职业了。通过前面对自己的一系列提问，你应该能够做出一个简单的职业生涯规划了。

一个人如果就没有明确的职业定位，就不会有明确的职业发展目标，一旦迷失了职业发展方向，就很容易使自己陷入职业发展困境。

人们常说，机会偏爱有准备的人，所以，只要你做好了你的职业生涯规划，为未来的职业做好准备，你就会比那些没有做准备的人机会更多。

人如果不想在职场中失败，就有必要在职场中明确职业角色，塑造职业形象，树立职场风格，科学系统地做好职业定位，然后再进行系统的职业规划，最终按照此规划不懈努力。

目标导向思维决定行动结果

▬ ▬ ▬ ➤

　　目标导向思维是指具有引导和有方向性的展开思维活动，通常包括问题导向思维、结果导向思维、目标导向思维、方法导向思维和行为导向思维等。

　　目标导向思维即用心找"点子"，"不在一条道上走到黑"，这是一种对结果负责任的有效思维态度和方法。有导向思维的人不会抱定一个观念顽固不化，他们会多角度思考问题，直至达成目的。

　　古川久好曾是日本一家公司的小职员，平时的工作是为老板干一些文书工作，跑跑腿，整理整理报刊材料。这份工作很琐碎，但他却做得不枯燥，井井有条。

一天，他正整理报纸，忽然在一张报纸上看到这样一条介绍美国商店情况的专题报道，其中有一段提到了自动售货机。上面写道："现在美国各地都大量采集自动售货机来销售货品，这种售货机不需要雇人看守，一天24小时可随时供应商品，而且在任何地方都可以营业，给人们带来了许多方便。可以预料，随着时代的进步，这种新的售货方法会越来越普及，必将被广大的商业公司所采用，消费者也会很快地接受这种方式，前途一片光明。"

古川久好看着这条消息，开始琢磨起来，他想："日本现在还没有一家公司经营这个项目，但将来必然会迈入这样的自动售货时代。这项生意对于没什么本钱的人最合适。我何不趁此机会去'钻这个冷门'，经营这种新行业？"

很快，古川久好就向朋友和亲戚借钱，筹到了30万日元，这笔钱对于一个小职员来说可不是一个小数目。他以一台1.5万日元的价格买下了20台售货机，然后将它们分别设置在酒吧、剧院、车站等一些公共场所，把一些日用百货、饮料、酒类、报纸杂志等放入其中，开始了他的自动售货机新事业。

古川久好的这一行动，果然给他带来了大量的财富。人们第一次见到公共场所的自动售货机，感到很新鲜，因为只需要往里投入硬币，售货机就会自动打开，送出需要的东西。一般来说，一台售货机四五天就会卖出大部分商品。古川久好的自动售货机第一个月就为他赚到100多万日元。他再把每个月赚的钱投资于自动售货机上，扩大经营规模。5个月后，古川久好不仅连本带利还清了借款，而且还净赚了近2000万日元。

这个故事给了你什么启示？很显然，目标导向思维让古川久好有了新的创造力，寻找到新的挣钱好点子，创造出非常巨大的价值。目标导向思维重在目标导向上，辅以思维。

现实生活中，人们是不是经常会陷入这样的困惑之中？

为什么我的工作领导不满意？

为什么我每天加班加点工作，老板却不肯给我涨工资？

……

这些困惑的出现，其实是思维方式出了问题。

领导给你布置工作，是希望你能给他一个满意的答复，如果你追求只是做好，没有做到尽善尽美，那肯定不会让领导满意。

老板是为了你能创造出成绩，给公司带来效益，仅仅加班加点，效率太低，老板也会认为你工作不到位。

所以，人在工作中，在解决问题时，多运用目标导向思维，尝试新"点子"，就可能有更好的创意，没准就能创造出更大的价值！

有两个老板，一次见面彼此交换经营心得。其中老板甲抱怨道："我真不能容忍不成才的员工，虽然现在还有三个这样的人待在我的公司，但我过几天会将他们炒掉。"

"哦，他们怎样不成才呢？"老板乙问道。

"你不知道，他们一个吹毛求疵，整天嫌这嫌那；一个杞人忧天，总为些莫名其妙的事情担忧；而另一个游手好闲，喜欢在工作时间瞎逛乱混。"

老板乙想了想，说："你让他们三人到我的公司帮忙吧，看看我能否帮你把他们的毛病改掉。"老板甲答应了。

第二天，这三人到老板乙公司报到，新老板早已为他们安排好了工作：爱吹毛求疵的那位负责质量监督，杞人忧天的那位负责安全保卫，而喜欢闲逛的那位被安排了出外做宣传和调查的任务。

一段时间之后，这三人在各自的岗位上都做出了业绩，老板乙将他们送回了老板甲的公司，老板甲按老板乙的方法重新安排他们的工作，不久三人各自做出了成绩。

有时候，短处与长处并不是绝对的，只要善于运用，短处也可以转化为长处。关键要以目标导向思维方式思考，这样决定行动结果。老板乙了解了人的长处，有"计划"地用人。这是其导向思维成功的结果。

人要想真正做到以结果为导向，首先得避开下面这三个思维误区。

1. 任务不等于结果。那什么是任务？

· 例行公事，该走的程序都走了。

· 完成差事，领导要求办的都办了。

· 敷衍了事，差不多就行了。

很多人觉得工作完成就万事大吉，但完成工作不等于得到结果，完成任务是对程序和过程负责，而收获结果是对目标和价值负责。二者之间并没有绝对的充分必要关系，甚至有时候根本毫无关系。

2. 态度不等于结果。

态度和结果是两个独立的系统，做老板的要表扬勇于承担责任的人，同时也要处罚没有提供结果的人，这样公司才能健康良性地发展。

3．职责不等于结果。

职责是对工作范围和边界的抽象概括，没有结果意识，职责就是一纸空文。所以，以结果为导向的思维非常重要，可以说始终贯穿在人们的工作中。

所以，学会目标导向思维决定行动结果思维方式，人生路上会少走弯路！

"信息"也可转化生产力

现今社会是信息社会，而信息社会主要指以信息技术为基础，以信息产业为支柱，以信息价值的生产为中心，以信息产品为标志。信息社会是信息产业高度发展并在产业结构中占优势的社会。信息社会又称为信息化社会。其特征为：

1. 经济领域中：

①信息、知识成为重要的生产力要素，和物质、能量一起构成社会赖以生存的三大资源。

②信息技术革命催生了一大批新兴产业。

③传统工业普遍实行技术改造，工业社会所形成的各种生产

设备将会被信息技术所改造，成为一种智能化的设备。

④电子商务等新型交易手段快速发展。

2．文化和社会生活方面：

①人们的生活模式、文化模式更加多样化，个性不断加强，可供个人自由支配的时间和活动空间大幅度提高。

②城市化发展出现新的特点，高速发展的信息交换促使中心城市的郊区化发展趋向，使城市从传统的单中心向多中心发展。

3．社会观念方面

①信息社会对人们的价值观念、社会道德等也会产生影响和变革，在信息社会，尊重知识的价值观念成为社会时尚。

②社会中人具有更积极的创造未来的意识倾向，人们的价值取向、行为方式都在默默发生变化。

信息社会中的信息也可转化为生产力，信息生产力凸显了当代先进生产力的突出特征：首先，是高度智能化与网络化的生产力；其次，是高渗透性的生产力；再次，是全球范围运行的生产力；第四，具有高满足性；五，将改变社会形态。所以，重视信息在现今十分重要。有心的人，要捕捉身边点滴信息，从中找出有价值的内容，去伪存真，巧妙利用信息为自己的工作服务。

美国有一家食品制造企业，因信息不畅一度举步维艰。后来他们请亚利桑那大学威廉·雷兹教授为他们出谋划策。

威廉·雷兹教授接受委托后，立即着手对亚利桑那地区的垃圾进行研究。这在一般人看来与出谋划策毫无关联，但威廉·雷兹教授就是在垃圾堆里为这个公司找到了摆脱困难的契机。

威廉·雷兹教授对当地的垃圾进行了较长时间的分析研究。每天，他与助手一道从收集来的垃圾堆中挑东西，然后把挑出的垃圾内容依其原产品的名称、数量、重量、形式等予以分类，如此反复，进行了近一年的研究分析。

威廉·雷兹教授说："垃圾不会说谎和弄虚作假，什么样的人就丢什么样的垃圾。查看人们所丢弃的垃圾，往往是比调查市场更有效的一种行销研究方法。"他认为垃圾显现的当地相关食品消费情况的信息是：

劳动者阶层的人喝的啤酒比高阶层收入群体的多，并且他们知道啤酒中各种牌子；中等阶层人士比其他阶层消费的快餐食物更多，因为双职工都因为上班而没有时间做饭。

威廉·雷兹教授还通过对垃圾内容的分析，准确地了解到当地人们消费各种食物的情况，并做了比对，诸如减肥饮料、清凉饮料与压榨的橘子汁及啤酒的消费比例。

后来，这家公司根据威廉·雷兹教授所提供的信息重新制订经营决策，组织生产，大获成功。

今天的社会，信息资源无处不在，而能否正确地认识和利用信息资源，取决于人们看待信息资源的角度。

有些人思考过于简单，意识不到信息资源的价值，其实，只要你是个有心的人，就会发现利用身边信息资源的重要性，当然，如何利用蕴含着高超的智慧。

有位年轻人应聘到一家公司做销售。上司交给他一项任务，让他在本市做一下公司产品的市场调查，然后策划一份市场营销活动方案。

年轻人刚上班，工作又是上司亲自交代的，因此不敢有丝毫懈怠。他一个人来到各大商场做了调查，可是很长时间过去了，调查数据虽然有了，但他却不会"分析"，他想当然地写了一个方案，当他把这个方案拿给上司看时，结果可想而知，他受到批评。

了解信息固然重要，但对信息分析、应用的能力是一个人应具有的能力，信息是为效果服务的，那么怎样分析信息呢？

（1）首先将信息进行归类，并整理成几大类，然后鉴别优选，将那些明显虚假的信息剔除出去，把认为是真实的或基本真实的信息留下来，然后再细分；

对那些收益风险小的项目优先考虑；对那些利益与风险并存的项目分析对比，看是利益大还是风险大；对那些危险太大、收益又没有把握的项目不予考虑。

（2）综合分析信息。为了把项目选择好，就要对信息和市场行情进行全面分析、综合对比，这其中还需反复研究，不可盲目或冲动地行动。

（3）检验后再执行。先做小型试验，然后进行小范围、小规模生产经营，根据结果确定行动安排。这样，既摸清了行情又获取了经验，为日后大范围经营打下基础。

用心关注并巧妙利用信息，能更好地为你的工作服务。记住先要力争把得到信息的工作做好，然后把分析能力学会，并且用科学的方法来鉴别，使信息准确并能为你服务。

做大事从小事做起

工作中经常有一些人不把小事放在眼里，看不起平凡的小事，心高气傲，眼高手低，好高骛远，总想做大事，认为只有把大事做好了才能说明自己有成就。而那些"鸡毛蒜皮"的小事对他们来说是大材小用，结果往往是小事不愿做，大事做不好，导致工作不能保质保量完成，甚至更严重些的还会把明明很小的一件小事拖成大事，大事拖成更严重的事，最终一事无成，既损害了别人也害了自己的事业。这些人不明白，大事都是由若干小事构成的。

人的责任心体现在细节、小事处理上。做好细节、小事，就能做好大事。

一次工程施工中，师父正在紧张地工作着。这时他手头需要一把扳手。于是叫身边的小徒弟："去，拿一把扳手。"小徒弟听后飞奔而去。师父等啊等，过了许久，小徒弟才气喘吁吁地跑回来，夹着一把大扳手，手里拿着若干个小扳手，说："扳手拿来了，您看使用哪把？"

师父生气地说："没拿对扳手，再说拿这么多干吗？"小徒弟很委屈："你也没有告诉我拿什么样的扳手啊，我又怎么知道？"

"你不在我身边吗？"没看到需要多大扳手吗？师父说。

这个故事中的徒弟就是很多初入职场之人不重视小事、粗枝大叶、细节疏忽的体现。

把小事、细节做好，是每一名员工应有的工作态度和能力要求，每个员工都不应放过任何细节。

天才的华裔青年数学家陶哲轩，获得了被称为数学界诺贝尔奖的"菲尔兹奖"。在他的经验介绍中，有一句话是这样的："我总是花大量的时间在细节上。"看，成功人士之所以取得成就，就是对细节非常重视。

美国福特汽车公司的高管汤姆·布兰德是由一名普通员工成长起来的。

20岁时，他成了福特汽车公司一个制造厂的杂工。虽身处下层，但他对工厂的生产情形做了全盘的了解。当他清楚地知道一部汽车由零件生产到装配出厂，大约要经过13个部门的合作时，几年时间他每个部门都去工作，尽管每一个部门的工作性质都不相同。

汤姆认为，既然自己想在汽车制造这一行做出成就，就必须对汽车的全部制造过程有深刻的了解。杂工不属于正式工人，也没有固定的工作场所，哪里有零工就要到哪里去。通过这项工作，汤姆和工厂的各个部门都有所接触，从而初步了解到各部门的工作性质。

一年半之后，汤姆申请调到汽车椅垫部工作，不久就学会了制作椅垫的手艺。后来，他又先后申请调到点焊部、车身部、喷漆部、车床部去工作。不到5年的时间，他几乎把这个厂的各个部门工作都做过了，最后他决定申请到装配线上去工作。

对汤姆的这种奇怪举动，汤姆的父亲十分不解，他问汤姆："你工作已经5年了，总是做些焊接、刷漆、制造零件等小事，恐怕会耽误前途吧？"

汤姆笑着告诉父亲："我并不急于当某一部门的小工头。我的目标是管理整个工厂，我要把现有的时间做最有价值的利用，我要学的不仅仅是一个汽车椅垫如何做，而是整辆汽车是如何制造的，所以，必须花点时间了解整个工作流程。"

当汤姆确认自己已经具备管理者的素质时，他决定在装配线上崭露头角。没有多久，他就成了装配线上的骨干人物。

汤姆就是凭借着做好这些普通而又细节工作的责任心，最终在平凡的工作中超越了一般工人。

做大事须从小事做起，如果不积累经历、经验，不学习新的知识，大事是做不好的。

一家非常著名的公司要招聘一名业务经理，丰厚的薪水和各项福利待遇吸引了数百名求职者前来应聘，经过一番初试和复试，剩下了10名求职者。主考官对这10名求职者说："你们回去好好准备一下，一个星期之后，本公司的总裁将亲自面试你们。"

一个星期之后，10名做了准备的求职者如约而至。结果，一个其貌不扬的求职者被留用下来，总裁问这名求职者："知道你为什么会被留用吗？"这名求职者老实地回答："不知道。"

总裁说："其实，你不是这10名求职者中最优秀的人。其他的人做了许多充分的准备，比如穿着时髦的服装、拥有娴熟的面试技巧，但都不像你对我们公司各方面的情况所做的准备充分。从你的情况中我们可以看出你对我们公司产品的市场情况及别家公司同类产品的情况做了深入的调查与分析，并提交了一份市场调查报告。你没被我们公司聘用之前就做了这么多的工作，可见你做事对细节的关注。"

任何人都有做大事的想法，但人要想做成大事，必须从做小事开始，从注重细节开始。人只有从平凡的细节做起，才能将小事做好，而积累了经验，将来才能做大事。

放飞思想，不做围栏中的"羊"

■ ■ ■ ➡

有人说思想会"飞"，人的眼界才会广；还有人说"思想有多远，心就会有多远"。

著名科学家法伯发现了一种很有趣的虫子，这种虫子有一种"跟随者"的习性，它们外出觅食或者玩耍时，总是会跟随在另一只同类的后面，从来不中途改变路线，另寻出路。

法伯做了一个实验，他花费了很长时间捉了许多这种虫子，然后把它们一只只首尾相连放在了一个花盆周围，在离花盆不远处放置了一些这种虫子很爱吃的食物。一个小时之后，法伯前去观察，发现虫子一只只连接着不知疲倦地在围着花盆转圈。

一天之后，法伯再去观察，发现虫子们仍然在一只紧接一只地围着花盆疲于奔命。

七天之后，法伯再去看，发现所有的虫子已经一只只首尾相连地累死在了花盆周围。

后来，法伯在他的实验笔记中写道：如果它们中的一只能够越出雷池半步，换一种思维方式，就能找到自己喜欢吃的食物，命运也会迥然不同，最起码不会饿死在离食物不远的地方。

其实，换一种思维思考不仅仅对虫子有益，于人类也是必要的，或者说，这也是人应思考的问题之一。

墨守成规是缺乏责任心的体现，而愿意主动思考，对传统的思维方式进行创新并积极开拓的人，是有责任心的人。

东芝电气公司1952年前后曾一度积压了大量的电扇卖不出去，7万名职工为了打开销路，费尽心机地想办法，依然进展不大。

有一天，一名小职员向当时的董事长石板提出了改变电扇颜色的建议。在当时，全世界的电扇颜色都是黑色的，东芝公司生产的电扇自然也不例外。这个小职员建议把黑色改成浅颜色却是第一回。这一建议立即引起了石板董事长的重视。

经过研究，公司采纳了这个建议。第二年夏天，东芝公司推出了一批浅蓝色电扇，深受顾客欢迎，市场上甚至还掀起了一阵抢购热潮，几十万台电扇在几个月之内一销而空。

从此以后，在日本以及在全世界，电扇就不再都是一副统一的黑色面孔了。

这个小职员的建议其实很简单，但为什么东芝公司的其他几万名有着丰富商业经验的员工就没人想到、没人提出来呢？为什么日本以及其他国家成千上万的电气公司的员工也都没有想到、没人提出来呢？这显然是因为大家缺乏超越世俗眼光的思考力和换一种思维的思考方式。

国际著名的投资家和金融学教授吉姆·罗杰斯曾经说过，大多数华尔街的分析师都属"羊群效应"中的"羊"。他们缺乏有创意的思考，甚至盲目从众。罗杰斯鼓励自己的学生将华尔街的"羊"抛诸身后，学会思考，并敢于质疑，不要在传统观念上坐享其成或盲目听从他人建议，要通过独立思考敢于创新成为人生的强者。

今天盲从或顺从，明天就有可能被淘汰出局。人不要在思考上当懒惰的"虫子"，法伯的故事提醒我们不仅仅是在工作上，做任何事都要有独立思考的精神。学会放飞思想，成功就会在眼前。

负责到底就是不后退

做时间管理的高手

■ ■ ■ ➤

管理学大师德鲁克说："认识你的时间，是每个人只要肯做就能做到的，这是一个人走向成功的有效的自由之路。"

根据许多成功人士的实践经验，时间管理专家们总结了许多驾驭时间、提高效率的方法。这里列出几个以供参考。

（1）为结果负责规划时间。

（2）要确定事情的优先次序，按事情的重要程度来安排时间以求取得最好的效果。

（3）要把自己有限的时间集中在首先处理最重要的事情上，切忌面面俱到。

（4）要学会放弃不必要的事和次要的事。

（5）要注意利用好"80/20原则"，也是把精力用在最见成效的80%的地方。

有责任心的人都非常重视做事的效率，他们是管理时间的高手。有效的时间管理观念，会让人更合理地分配时间。

著名的教育家班杰曾经接到一个向往成功、渴望指点迷津的年轻人的电话，待说明来意后，班杰和他约好了见面的时间和地点。

当年轻人如时赴约时，不禁被眼前的景象惊呆了——班杰的房门大开着，里面乱七八糟，一片狼藉。这时班杰走出来和他打招呼："看，我这里太乱了，请稍等一分钟！"然后关上了门。

过了一分钟，班杰打开门并热情地把年轻人迎进屋里，此时年轻人眼前是一个非常整齐的房间，各种物品摆放得井井有条。

正当年轻人惊讶时，班杰将一杯酒递给他："干杯！年轻人，现在你已经得到答案了吧？"

"可是我还没有向您请教呢？"年轻人很不解。

"难道这还不够吗？"班杰一边指着自己的房间一边说："你进来又有一分钟了！"

"一分钟！"年轻人若有所思地说，"我懂了，您让我明白了一分钟的价值——一分钟也可以做很多的事情！"

是的，一分钟虽短，但利用好，价值却能达到无限。所以，如果你紧紧地把握住时间，它就可以发挥出更大的价值，还会给你带来无限的财富；但如果你轻视一分钟，慢待一分钟，你也许会让众多的一分钟白白溜走。

不论在哪里，不好好珍惜时间只知道浪费时间的员工都是不受欢迎的。真正有责任心的人绝对不会浪费一分一秒，而是高效率地利用时间，使每一分每一秒都产生最大的效益。他们永远准时，不忘记要办的事情；他们总是能够按事先计划好的步骤行动，如期甚至提前完成工作；他们的每件工作都能完成得很完美。他们也许没有超出常人的能力，但他们懂得把时间管理好，用好。

美国某大公司的董事长莱福林就是一个有效利用时间的能手。他每天清晨6点之前准时来到办公室，先是默读15分钟经营管理哲学的书籍，然后便全神贯注地思考本年度内必须完成的重要工作，以及所需采取的措施和必要的制度。接着开始考虑一天的工作，这是一项十分具体的工作。他把这一天内所要做的事情一一列在纸上，之后去餐厅与秘书一起吃早饭时，把这些考虑好的事情——小至员工的孩子入托，大到公司的大政方针和计划——所有他认为重要的事情再一次思考一番，然后做出决定，由秘书具体操办。

莱福林的时间管理法，极大地提高了他的工作效率，推动了企业整体绩效的提高。

珍惜时间是一个人负责精神和敬业工作最直观的体现。所以，珍惜宝贵时间，使时间的价值最大化，让自己更高效地工作。

美国的一位保险人员自创了一个"一分钟守则"。他要求客户们仅给他一分钟的时间，让他介绍自己的服务项目，若一分钟到了，他便会自动停止自己的话题，并感谢对方给予他一分钟的宝贵时间。

"一分钟到了，我说完了！"这是他在工作时最常说的一句话。而他在自己一天的时间工作中，效率也几乎和业绩成正比。

美国麻省理工学院曾对3000名经理级人物做了调查研究，发现凡是尽职尽责的经理都能做到合理化安排时间，使时间的浪费减少到最低限度。

美国企业家威廉·穆尔在为格利登公司销售油漆时，头一个月仅挣了160美元。后来他仔细地分析了自己的销售图表，发现他的80%收益来自20%的客户，但是他却对所有的客户花费了同样的时间。于是，他把他最不活跃的36个客户重新分派给其他销售员，而自己则把精力集中到最有希望的客户上。不久，他一个月就赚到了1000美元。再后来，穆尔坚守这一原则——"80/20原则"，使他最终成为凯利·穆尔油漆公司的董事长。

　　人不珍惜时间，时间就会悄然溜走，科学的时间管理有助于把责任落实到底。高效的人会把时间看作是珍贵的宝物，他们在工作中，会争分夺秒，不让时间一分一秒地溜走，他们是时间的主人，让时间为他们服务。

学会有效选择和放弃

在工作中，做事坚持到底、不轻言放弃是一种可贵的品质，但万事不可一概而论，责任心强调的是效果，倘若有些时候坚持某些事情不放，未必是一件好事，还可能是一种固执己见的不负责任或者无视责任；同样，放弃也未必是一种怯弱的行为，有时的放弃或者另辟蹊径实是一种更负责任的明智的选择。但选择和放弃必须都是有效的，无效的选择和放弃则是盲目的。

马克是美国一家小镇上的保险推销员。他工作非常努力，每天天不亮就出门，挨家挨户地去推销保险；晚上人们都下班了，马克依然在推销保险。可是就是这样的努力工作，马克的收入却只够勉强糊口。

马克很郁闷：是不是自己工作不够努力？可是每天已经是早出晚归了，就是中间也很少休息呀。那么，是不是还有别的原因？

一天，因为下大雨，马克没有出去工作，而是在家静静地思考。他看着自己的工作记录，突然像是发现了什么，于是拿过了纸和笔，开始写起来，一个小时后，马克露出了满意的笑容，放心地去睡觉了。

第二天，马克并没有像往常一样起个大早，而是像普通的上班族一样按点去上班，马克又开始了挨家挨户推销保险的工作。晚上六点刚过，马克按时下班了，而此时公司有些员工还没有下班呢！

马克就这样每天按时上班，按时下班，马克的妻子却很担心：丈夫以前每天起早贪黑地工作，生活依然很穷困，现在丈夫这么早下班，那生活不是更没有保障了吗？但一个月过去了，马克把自己的薪水拿回家，让妻子感到不可思议的是，这个月的薪水竟然是上个月的两倍还要多！马克还说自己成了这一个月的销售冠军。

马克的妻子大惑不解，一定要马克告诉她其中的原因。马克向妻子解释道，在那天晚上他在自己的工作记录中发现，第一次和他签订保险合同的客户占75%，而第二次签订保险合同的客户占20%，第三次签订保险合同的客户占5%。可是，他花在第三次签订合同的客户身上的时间却一点也不比第一次和第二次签订合同的客户时间少。

于是，马克明白了自己为什么这么努力却没有大的收获，那是因为自己把近一半的时间浪费在了那5%的客户身上，也就是从那天起，马克选择了注重于挖掘新客户，暂时放弃那些需要多次拜访的客户。马克的选择和放弃经过检验是有效的。这一改变使马克的销售业绩有了大幅度的提升。

暂时放弃那5%的客户，却换来了更多的客户，这是马克的销售秘诀，也是他经过深思熟虑后的选择，马克的选择是有效的选择，马克的放弃是有效的放弃。所以，会取舍可以让精力发挥到极致。

马嘉鱼是一种银色的海鱼，长着燕子一样的尾巴，眼睛又圆又亮。它们平时生活在深海中，春夏之交会溯流而上，随着海潮游到浅海去产卵。

渔人捕捉马嘉鱼的方法很简单：用一个孔目粗疏的竹帘，在竹帘的下端系上铁块，放入水中，用两只小艇拖着，拦截鱼群。这种捕鱼方法听起来很可笑，因为除非所有的马嘉鱼都瞎了眼睛自己往上撞，否则，休想逮到它们。

然而事实告诉人们，这是最有效的方法。因为马嘉鱼有一种独特的"性格"，就是不爱转弯，总是永远向前，所以，它们会一只只前仆后继地扑入竹帘孔中。当它们扑到孔中也不会停止，仍更加拼命往前冲，结果被竹帘牢牢地卡死，为渔人所获。

工作中，有些人就像马嘉鱼一样，撞了南墙也不懂得回头，一条路走到黑。他们在屡屡努力后失败的情况下，或者在有更好的机遇出现的时候，却不知适时调整自己的定位，做出力求有显著效果的新选择，而是浪费时间、精力、财力，最后收效甚微，甚至一无所获。这样的人，实际上选择和放弃都是无效的，他们缺乏一种开放的心态，与其说是努力执着，不如说是固执己见。

诚然，负责到底需要有执着的精神，但更需要懂得变通，有效选择，有效放弃，懂得在适当的时候变通。因为任何事物都是发展的，任何事物时刻都处在变通之中。每个人都要懂得舍的意义，都要会做有效选择和有效放弃，从而选择正确的方向调整行动，寻求最佳效果。

珍惜点滴时间

◾◾◾➡

陶渊明说："盛年不重来，一日难再晨。及时当勉励，岁月不待人。"人生短短数十秋，想要在如此短的时间内，取得成功，登上人生的顶峰，谈何容易。也正因为如此，珍惜时间就显得重要。每个成功人士的背后，往往都有珍惜时间的故事。

时间对每一个人来说都是珍贵的，有责任心的人更是惜时如金。

一个青年画家把自己作品拿给著名画家柯罗看，希望柯罗能给他一些建议。柯罗看过画之后，指出几处他不太满意的地方。

青年画家听了之后对柯罗说："谢谢您的建议，明天我会全部修改的。"柯罗听后却有些生气了，激动地问他："为什么要明天？今天的事就应该今天做，不要等到明天再去做，这是你的责任！"

青年画家听后马上对柯罗说"我立刻就改"。后来，这位青年也成为一位杰出的画家。事后他常对人说，他这辈子最感谢的人就是柯罗，正是他的批评改变了自己对工作的态度，也对珍惜时间有了新的认识，从此，他勤奋努力，终于有所成就，成了一个有名的画家。

对自己的人生、事业负责，意味着要珍惜点滴的时间，提高点滴的效率。人生没有等待，从现在就应马上行动，尽职尽责地做好每一件事，人只有争分夺秒，才能取得成功。

珍惜时间表现在方方面面，比如有人在空闲的时间会思考下一步的工作计划，会习惯性地从衣袋里或手提包里拿出笔和小记事本，将想到的灵感记下来。比如，有人在排队、候机、乘公交车时的间隙，随时记下对工作的安排和设想，这不仅是珍惜时间，而且是扩展了时间的价值。

据说有一位名人就是利用如厕时间学习英语的。他每次从英语词典上撕下一页，然后进厕所。上完厕所，这一页也读完、记住了，他就是这样学完了一大本英语词典。

爱因斯坦说："人的差异在于是否珍惜业余时间，业余时间成就了人才，也制造了懒汉、酒鬼、牌迷、赌徒。"

珍惜点滴时间的人能变"闲暇"为"不闲"。英国数学家科尔在数学领域取得了出类拔萃的成就，成功破解了一道旷世难题。有人问科尔："您论证这个课题前后共花了多少时间？"科尔回答："三年内的全部星期天。"

"星期天"，这个人人皆有的业余时间，被科尔充分利用起来，从而取得卓越的成就。

法国作家拉布吕耶尔说："最不好好利用时间的人，最会抱怨时间的短暂。"所以，如果你总是抱怨你的时间有限，那只能说明你的效率太低了。因此，你应该更加有效地利用时间工作、学习、休闲，学会高效率地把时间牢牢控制在自己手里，成为善于管理时间的成功人士。

现今，在许多公司中，有管理时间观念的员工还不多，大部分员工只是将工作当成一门养家糊口的不得不从事的"差事"，他们浪费时间，不注重点滴空间。甚至有很多人认为，我出力老板出工钱，我又不欠老板的，不用过分认真，得过且过就行了；

如果老板亏待我，我就以玩忽职守来报复。这种没有工作热情，不珍惜工作时间，像老牛拉磨一样，懒懒散散，不求有功、但求无过，上班混日子的人，不要说主动学习、不断上进，光是他们浪费的时间就让人痛心。而这种现象在当今社会并不少见，殊不知这样不是报复了公司和老板，而是辜负了自己的大好时光，增加了自己的惰性，最终一事无成！

所以，如果你真想成为一名优秀的员工，要想在公司有所发展的话，就要珍惜时间，把每一天当作最宝贵的一天。

时间对每个人都是平等的，时间过去了就不会再回来。一个人无法挽留时间，但却可以珍惜时间、管理时间，让时间为你服务。所以，切莫"等白了头"，"再空悲切"。

是否珍惜时间，决定了一个人一生的发展和干工作的实效。如果你是个敬业的员工，还等什么？从现在就开始养成珍惜时间、提高工作效率的好习惯吧！

用心做好每一件事

■ ■ ■ ➡

什么叫"用心"？所谓用心做事，就是一心一意去做事，全心全意去做事，全身心地投入其中。

一个成功的企业管理者说："如果你能真正制作好一枚别针，应该比你制造出粗糙的蒸汽机创造的财富更多。"可见，用心地做好一件事是多么的重要。

美国一位知名人士在做演讲时曾对学生说过："比任何事情都重要的是，你们要懂得如何将每一件事情做好，只要你们能将本职工作做得完美无缺，就会立于不败之地，至少永远不会失业。"

这话很好地说明了用心做好每一件事的重要性。

如果工地上尽是不用心的建筑工人，将砖石和木料拼凑在一起来建造房屋，可能房子在尚未找到买主之前，就已经被暴风雨摧残掉了；如果医院到处是不用心的医生，懒得花更多的时间去学习专业知识，给病人开药、做手术时不用心，会使病人承担极大的生死风险；如果律师不用心，办起案来就是白白浪费委托人的时间和金钱……

不用心做事的人，不仅对工作懈怠，而且也不会有太好的职业发展前景，同时更是浪费自己宝贵的时间。用心与负责相等，所以用心去做好每一件事情，这是一种人生态度，人只有保持这种态度，才能够时时刻刻、事事严格要求自己用心对待每件事，做好每件事。

用心的员工，会更深入探索和学习自己所涉及领域的知识。他们深知：泛泛地了解工作常识，对于干好工作是远远不够的。多掌握几十种职业技能，能更好为工作服务，而精通某项技能，会在一个行业和方向上有发展前途。有人说：成功的秘诀之一就是用心做好每一件事，比别人更熟练地掌握技能，这样，你就会比其他人有更多的机会获得升职和更长远的发展。

2001年5月20日，美国一位名叫乔治·赫伯特的推销员成功地把一把小斧子推销给了小布什总统。

布鲁金斯学会得知这一消息，把刻有"最伟大推销员"的一只金靴子赠予了他。这是自1975年以来，该学会的一名学员成功地把一台微型录音机卖给尼克松后，又一学员获得如此殊荣。

布鲁金斯学会以培养世界上最杰出的推销员著称于世。它有一个传统，在每期学员毕业时，会设计一道最能体现推销员能力的实习题，让学生去完成。

克林顿当政期间，他们出了这么一个题目：请把一条三角裤推销给现任总统。8年间，有无数个学员为此绞尽脑汁，可是最后都无功而返。克林顿卸任后，布鲁金斯学会把题目换成：请把一把小斧子推销给小布什总统。

鉴于前8年的失败与教训，许多学员知难而退，然而，乔治·赫伯特却做到了别人做不到的事情。赫伯特说："我认为，把一把小斧子推销给小布什总统是完全可能的，因为布什总统在得克萨斯州有一农场，里面长着许多树。于是我给他写了一封信，说：'有一次，我有幸参观你的农场，发现里面长着许多矢菊树，有些已经死掉，木质已变得松软。我想，你一定需要把小斧头，但是从你现在的体质来看，一把新小斧头显然太轻，因此你仍然需要一把不甚锋利的老斧头。现在我这儿正好有一把这样的斧头，很适合砍伐枯树。假若你有兴趣的话，请按这封信所留的信箱，给予回复。'后来，他就给我汇来了15美元。"

乔治·赫伯特成功后，布鲁金斯学会在表彰他的时候说："金靴子奖已空置了26年，布鲁金斯学会培养了数以万计的推销员，造就了数以百计的百万富翁，但这只金靴子之所以没有授予他们，是因为我们一直想寻找这么一个人，愿意对别人不敢做的事负责地思考和行动，并能达到目标的人。是的，成功属于那些愿意对结果负责到底，敢于迎难而上，有勇气突破现状，用心做事的人。

用心做好每一件事，要求做事时不能丢三落四；要求做事时不能懒懒散散；用心做好每一件事，要求人们拿出自己认真负责的精神。

卢浮宫收藏着莫奈的一幅画，描绘的是女修道院厨房里的情景。画面上正在工作的不是普通的人，而是天使。一个天使正在架水壶烧水，一个天使正优雅地提起水桶，另外一个天使穿着厨衣，伸手去拿盘子。整幅画描绘了日常生活中最平凡的事，但画面上每一个天使都在全神贯注地用心去做自己的事。

人做事若不能用心的话，那等待他的结果就只有"失败"二字。所以，用心做好每一件事，就是负责到底的精神体现，而成功就是水到渠成的事。

责任心决定执行力

▬ ▬ ▶

　　责任心是指个人对自己和对他人、对家庭和对集体、对国家和对社会所负责任的认识、情感和信念，以及与之相应的遵守规范、承担责任和履行义务的自觉态度。它是一个人应该具备的基本素养，具有责任心的员工，会认识到自己的工作在组织中的重要性，把组织的目标当成是自己的目标。

　　而执行力指的是贯彻战略意图，完成预定目标的操作能力。是把企业战略、规划转化成为效益、成果的关键。执行力包含完成任务的意愿，完成任务的能力，完成任务的程度。

　　对个人而言执行力就是办事能力，对团队而言执行力就是战斗力，对企业而言执行力就是经营能力。衡量执行力的标准，对个人而言是按时按质按量完成自己的工作任务；对企业而言就是在预定的时间内完成企业的战略目标。

执行力源于责任心，责任心决定执行力。员工有了责任心，就会树立敬业勤业意识，提高执行力，将自己的潜能充分发挥。同时时时刻刻把工作挂在心上，做到件件工作落实，高效完成任务。执行是一种精神，执行是一种荣誉。执行力是职场员工关键素质之一，更是敬业精神和责任心落实的保证。

珍妮、玛丽、苏姗是同一批进入公司的员工，但是，在试用期过后，她们的薪水却大不相同：珍妮是5000元，玛丽是4000元，而苏姗只有2500元——比试用期时仅仅多了500元。

戴维是三个人的老板，他的一位朋友知道这件事情后，感到非常好奇，便向戴维询问其中的缘由。戴维说："在企业中，薪酬始终是与员工工作的结果挂钩的。"见朋友还是不明白，戴维说："我现在让她们三人做相同的事情，你只要看她们的表现就会明白了。"

于是，戴维叫来了她们三人，然后对她们说："现在请你们去调查一下我们的竞争对手A公司新手机产品的价格、功能、品质以及目前在市场上的销售情况，而且这些数据你们都要详细地记录下来，在最短的时间内给我最满意的答复。"

一个小时后，三个人同时回到了公司。

珍妮先做了汇报："我买了他们公司一个手机，这是我研究后的数据。同时在市场上又比对了几家其他公司类似的手机产品，这是我的另一个数据。"

玛丽做了汇报。她将自己了解到的A公司新手机产品的价格、功能、品质以及目前市场上的销售情况说了一遍。

轮到苏姗的时候，她更简单地说了说，连个报告都没有写。

待她们三人走后，戴维笑着对朋友说："你看，她们三个人做同样的工作，有的人只是走工作的程序，而有的人虽然完成了任务，却缺乏多做出成果的主动性和责任心，而拿到薪水最高的员工是对结果最负责的人，所以，她们对于工作的责任心不同，工作的态度不同，薪水也存在差异。"戴维的朋友有所感悟地点了点头。

执行力是一种高尚的品质，不但包括工作认真、负责，还包括对自己的工作倾注极大的热情，以及高度的使命感和对企业的前途、发展尽心尽力的态度。

在公司中，每一个老板都清楚自己最需要什么样的员工，员工的执行力是他们的职业竞争力，员工的执行力代表了整个公司的发展。所以，你是否能担当起你的责任，有超强的执行力是公司考核你的标准之一，因为只有担当起你的责任，拥有超强的执行力，你才是大有可为的。

可口可乐的分销网点是全球最多的，但可口可乐的总裁仍会在上海的马路上询问卖茶叶蛋的老大妈："为什么您不卖可口可乐？"

这就是高度的敬业精神和对企业负责任的态度，因为有着这种高度的责任心，时时刻刻关心着企业的发展，可口可乐公司才能不断壮大。

所以，如果一个人有责任心有执行力，他就能够充满热情地工作，他的工作也能够做到尽善尽美、精益求精；如果一个人总在工作中感到枯燥、辛苦，没有执行力，他只是为糊口而工作。执行力不只是保质保量地完成自己该做的事，同时也是做出成就的保证。

人要想成就事业，执行力很重要。

负责到底需要恒心

负责到底需要恒心，有些人虽有热情，工作也还认真努力，但他们在工作中并没有竭尽全力地履行应尽的责任，所以，他们对自己的能力有所怀疑或期许不高，因而没有恒心和执着的坚持，没有对结果有负责到底的信念，总是让工作半途而废，甚至于放弃工作。

而有恒心、有毅力，敢于负责任，以积极的态度面对工作、面对问题的员工，恒心会让他们在工作时如虎添翼。

司图尔特·米尔曾说过："恒心所迸发出来的力量，是人所不能低估的。"这也就是恒心能开启成功之门的缘故。

乌比·戈德堡就是这样一个人。她原是一个在纽约曼哈顿贫民区长大的"野孩子"，长得难看，甚至可以说丑陋。她从来没有接受过正式的高等教育，只是看过不少好莱坞经典作品，并幻想有朝一日能像电影里那些大明星一样出入上流社交场合、谈吐幽默、举止高雅。

最初的她满口粗话，一文不名，她当时的工作是清洁工。所以，当她对别人说她想拍电影时，得来的总是嘲讽。

然而，她想让自己的梦想实现，于是她先想法子进了百老汇，同时改掉自己满口粗话，让自己学着文明一些。同时她又想方设法参加各种团体表演。在舞台上，她的智慧和快乐的天性迸发了出来，但是由于面貌丑陋和演艺圈对黑人的歧视，乌比并未受到重用。但她告诉自己，如果想要实现梦想，首先要有坚定执着的精神。就这样，她以不懈的恒心和毅力，经过几年的刻苦磨炼之后，终于于1985年在斯皮尔伯格导演的影片《紫色》中，成功地扮演了一位受丈夫虐待而苦苦在命运的泥潭中挣扎的女奴布热。

这是她的第一部影片，但却获得了金球奖、最佳女演员奖和奥斯卡最佳女主角奖提名。

1990年，她在影片《人鬼情未了》中成功饰演了一位善良诙谐的黑人女巫师，从而获得了奥斯卡最佳女配角奖。此后，由她主演的《修女也疯狂》更是令观众如痴如醉，影片创下了当年的夏季票房之最。

如今她是美国最受欢迎的女演员之一。除了演电影，她还在世界各地举办个人演出晚会，灌制唱片。她以不懈的努力为自己的人生增添了亮丽的色彩。

有人说：恒心就是对自己要做的事情有一种执着的爱。生命的意义在这种执着的恒心中会不断彰显出来，焕发光彩。

某地区正在大搞建设，工地一角突然坍塌，脚手架、钢筋、水泥、红砖无情地倒向下面正在吃午饭的民工，烟尘四起的工地顿时传来伤者痛苦的呻吟。

这一切被路过的两辆旅游大客车上的人看在眼里，旅游车停在路边，从车里迅速下来几十名年过半百的老人，他们好像没听见领队"时间来不及了"的抱怨，马上有条不紊地抢救伤者。原来他们早年在部队上都曾经是军医，医生的职责让他们对此事不能置之不理。

现场没有夸张的呼喊，没有感人的誓言，只有默契的配合。没有纱布就用干净衬衣压住伤口。当急救车赶来的时候，已经是50分钟以后的事情，据后来的医生说，这些老人们至少保住了10个民工的生命。

可是在机场，老人们的领队——两个时尚的年轻姑娘，她们一边激烈地讨论这么多机票改签是多么难办，还在为有关费用的问题和这些老人讨价还价，并抱怨这些老人管了闲事让她们两个人为难。老人们此时已经换上了干净的衣服。其中一个老人虽面有歉疚但却真诚地对领队姑娘们说道："军医……若是不管，就是我们为人的失职，自己心里也过意不去……我们一直没忘自己的职责。"

是啊，这些老人不仅做得对，也说得对，一个人完全可以忘掉责任，或者没有责任感地生活一辈子，但是，这样的生活是没有意义的。

负责的更高境界就是：人所能负的责任，我必能负；人所不能负的责任，我亦能负。如此，你才能磨炼自己，求得更高的职责而进入更高的境界。坚持也是如此，恒心在很大程度上决定了一个人的人生。如果你发现自己干什么都没有恒心，你最好赶快改变自己，培养自己的恒心和毅力，因为恒心不仅会让你变得敢于承担责任，也会使你做出突出成绩。坚强的毅力是实现理想的基础。

始终如一，坚持不懈

> ■ ■ ■ ➤

　　坚持是伟大的开始，始终如一、坚持不懈是奠定成功的基石。不懂得此道理的人不容易成功。

　　坚定执着的人是有责任心的人，他们不轻言放弃，遇困难不怨天尤人，而是用实际行动始终如一、坚持不懈践行自己的目标，他们不做半途而废之事，责任心让他们做事坚持，始终如一。

　　一家大公司招聘会计人员，收到了大量的求职简历。经过几轮筛选，最终，一位其貌不扬的女孩被录用了。这位女孩带着"幸运"在公司工作了两年。直到有一天，董事长的秘书休了产假，她的工作需要立刻有人接手。那位"幸运"的女孩又被选中接任了秘书之职，大家再一次认为，这女孩真够"幸运"的。

由于公司与国外许多公司进行合作，经常会和外国公司的高级主管接触，其中有一位外方公司的高级主管，他每次到中国时都喜欢下国际象棋消遣，刚巧公司里又只有这位女孩会下国际象棋，于是两人在工作中相识，在棋艺交流中渐渐滋生情愫，最后缔结良缘，女孩成为公司上下有名的"幸运儿"。

在婚礼上，许多同事实在按捺不住，想请"幸运女孩"稍微透露一下"幸运"的秘诀。

女孩微笑地告诉大家，世上根本就不存在所谓的"幸运"。她说："我的一切都来自于我对自己人生的负责和事业上的努力。在当初去公司应聘的那一天，我早早地就到了公司，在大家没有上班之前就在门口等待。之所以这么做，是因为我不知道公司负责面试的主管是谁，我想如果我面试之前和到公司上班的所有员工们亲切地打声招呼，而这里面一定也有主管人员在内，这样我便能让他们建立起对我的好印象。我问候的对象也包括了你们在内，但你们也许不记得了。"同事们试着回想当时的情景，有人说："你故意这么做，不见得就一定会被录用啊。所以我们还是觉得，你'幸运'的成分多。"

女孩继续说："我当初接到面试通知后，马上就去查阅公司的资料，包括成立背景、经营团队、财务状况、产品走向、市场布局以及最新的新闻等，以做充分的了解。这样一来，当其他面试者还在关心能否通过面试时，我已经做好了随时可以上班的准备，这自然能提高我被录用的机会。我之所以能接任秘书，也不是我比别人'幸运'，而是平时我花了很多的精力去观察、记录公司中每一个重要人物的工作态度和工作流程。我知道前任秘书每天早上会替董事长泡一杯咖啡，加两块糖和一匙鲜奶油。到了下午两点，换成薰衣草茶包，而且一定要是法国原装进口的才行。如果董事长情绪不好，递上一条冰毛巾是绝对不能稍有迟缓的。"

听到这里，众人已经明白了："照这么说来，你有可能不是原来就会下国际象棋的，而是临时突击学会的，对不对？"

女孩又是一笑："当他第一次来公司的时候，我注意到他有空时会一个人下国际象棋，这引起了我的好奇。后来，当他第二次来的时候，我对国际象棋已经了解了不少，通过几次下棋之后我们变成了好朋友，直至今天成为夫妻。"

案例中的女孩对工作始终如一，坚持不懈地努力，为自己带来了"好运气"。

爱因斯坦有句名言："科学研究好像钻木板，有人喜欢钻薄的，而我喜欢钻厚的。"爱因斯坦对科学有着执着的追求，不惧怕"厚木板"，并为此奉献了毕生的精力，他的这种挑战的勇气鼓舞着我们，在工作中也应该具有执着、不懈的拼劲儿。所以，一个人要想成功，最好去钻别人不敢钻的"厚木板"，只有这样，才能超越他人，得到"幸运"的垂青。

民族英雄岳飞生逢乱世，自幼家贫，在乡邻的资助下，拜陕西名师周桐习武学艺，期间，目睹山河破碎，百姓流离失所，萌发了学艺报国的志向，他寒暑冬夏，苦练不辍，最终在名师悉心指导下，练成了岳家枪，并率领王贵、汤显等伙伴，加入到了抗金救国的爱国洪流中。

放牛娃出身的朱元璋，从小连私塾都没有念过，但是他敢于挑战自己，他勤学好问，执着坚持，终于成为建立明朝的开国皇帝。

荀子说："锲而舍之，朽木不折；锲而不舍，金石可镂。"

成功人士最明显的标志，就是他们具有的坚强意志，不懈地努力，始终如一地行动。这样不管环境变换到什么地步，他的初衷与希望都不会有丝毫的改变，他会克服困难，达到自己预期的目的。

与自己竞赛

哈佛大学著名教授威廉詹姆斯曾说："工作的成功并非取决于我们与别人相比做得如何，而是取决于我们所做的与我们所能做到的相比如何。一个成功的人总是与自己竞赛，就会不断创造新的纪录，不断改善与提高自己的能力。"

从前有一个人，生下来就双目失明，为了生存，他继承了父亲的职业——种花。

他把种花当成自己的使命，每天都尽心尽力地照顾这些花朵，虽然他从来没有看到过花是什么样子，但他只要有空时就用手指尖触摸花朵，或者用鼻子去嗅花香，感受花朵的娇美和芬芳。

他种花，是用心灵绘出花的美丽。他对花的热爱超出很多真正的花匠，他每天都定时给花浇水，拔草除虫。

在刮风下雨的时候，他宁可淋着雨、顶着狂风，也要把花搬到花房；

炎热的夏天，他宁可晒着，也要给花搭篷遮阳……也许有人会问：不就是种花吗，值得这样做吗？不就是种花吗，值得那么投入吗？还有些人认为他是个"傻子"。

"我是一个种花的人，我得全身心投入到种花中去，让花长得越来越好，这是我——一个种花人的荣誉和责任！"他对不理解的人解释说。"还有我要与自己竞赛，让自己第二天所做超过前一天。"他又说正因为他这样种花，他的花比周围其他花农的花都开得好，深受人们欢迎。

人生是战场，自己是这场硬仗中的主角！所以，勇于承担责任并在工作中善于自我改进、自我超越的人，才能不断地发展自我、完善自我，向成功的目标迈进。

加伦现在是美国一家建筑公司的副总经理。他是怎样超越自我，达到这样的高度的呢？

五年前，他是作为一名送水工被公司招聘进来的。在送水的过程中，他并不像其他的送水工一样，一边把水桶搬进来，一边抱怨工资太少，然后偷偷躲在墙角抽烟。

每一次，他都给每一个工人的水壶倒满水，并利用他们休息的时间，缠着让他们讲解关于建筑的各项知识。就这样，这个执着、勤奋好学的人引起了建筑队长的注意。不久，他被提拔为计时员。

当上计时员的加伦依然勤勤恳恳地工作，他总是早上第一个来，晚上最后一个离开。由于他对所有的建筑工作比如对打地基、垒砖、刷泥浆等行当非常熟悉，当建筑队的负责人不在时，出现问题工人们总爱问他，而他又能帮助顺利解决。

有一次，建筑队的负责人看到加伦把旧的红色法兰绒撕开包在日光灯上，以解决施工时没有足够的红灯来照明的困难，这个绝妙的好办法连他自己都没有想到。这位负责人便决定让这个勤恳又能干的年轻人做自己的助理。就这样，加伦通过自己勤奋的工作和超强的责任感抓住了一次次升迁的机会，用了短短的五年时间，便当上了这家建筑公司的副总经理。

成为公司的副总后，加伦依然坚持自己勤奋工作的作风，他常常在工作中鼓励大家学习和运用新知识，还常常自拟计划，利用业余时间学习。

在工作中，他画草图，向大家提出各种好的建议。只要他有时间，他还亲自出马了解客户愿望，做好他能做的所有的事，数十年如一日，他不怕苦，不怕累，脚踏实地用心工作。

加伦正是因为有负责任的工作态度，才从一个送水工变成了公司副总经理，他不但超越了自己，也超越了别人，并在更高的岗位上发挥着更大的能力。

战胜自我，超越自我，首先要有坚定的信念。坚定的信念是一个人取得成功的先决条件，《史记》的创作者司马迁，曾饱受牢狱之灾，但他立志要"通古今之变，成一家之言"，最终达成心愿。孙子《兵法》修列，吕不韦所著《吕览》，韩非囚秦中《说难》、《孤愤》写成，这些例子无一不说明了战胜自我、超越自我、坚定信念对成功的重要性。

所以，每个人只要有敢于有战胜自己、超越自己的信念，有挑战自己、与自己竞赛的决心，就能实现自己的理想。

第五章

负责到底就是
消灭"不可能"

用心捕捉灵感和机会

勤奋学习，努力工作

责任第一，不找借口

把开拓创新当成习惯

攀登心理高度，重塑自我认知

坚守做人的责任

胸有凌云志，敢为天下先

简单重复的工作也要做到极致

突破职业中的"瓶颈"

用心捕捉灵感和机会

◼ ◼ ◼ ➤

著名的悉尼歌剧院被认为是建筑史上的一个奇迹，这个奇迹源于一个38岁设计师的"灵机一动"。当时这名设计师参考了所有建筑，都没能获取灵感，而他的妻子看他如此劳累，给他一个橘子吃。他心不在焉地剥着橘子，突然发现橘子一瓣一瓣的，给了他灵感，设计师立刻将图画下来，寄往悉尼，后被采纳。

看，灵感源于生活。

灵感也叫灵感思维，指瞬间产生的富有创造性的突发思维状态。搞创作的学者或科学家常常会用"灵感"一词来描述自己对某件事情或状态的想法或研究。

有一位教授拿出一只装满了沙子的大纸盒，一边展示给学生们看，一边说："这些沙子里掺杂着铁屑，请问你们能不能用眼睛和手指把中间的铁屑挑出来？"大家都摇了摇头。

　　教授说："我们无法用眼睛和手指从一堆沙子中间找到铁屑，然而，有一种工具能帮助我们迅速地从沙子中间找到铁屑。这种工具就是磁铁。"

　　教授从包里掏出一块磁铁，把它放在沙子里搅动着，在磁铁的周围很快地聚集了铁屑。

　　教授把那一团铁屑举给同学们看，说道："这就是磁铁的魔力，我们用手和眼睛无法做到的事，它却能够轻而易举地做得很好，但只有这种'魔力'是不够的，磁铁还具有包容性，能虚怀若谷地接纳'铁屑'，这样，才吸引了更多的铁屑。"

　　这个实验说明了什么呢？那堆沙子就像人枯燥平淡的生活和工作，沙子中的铁屑是生活中的一点点灵感和机会，而那块磁铁，就是捕捉灵感的工具。磁铁"吸出灵感"，发现和捕捉灵感。

　　爱因斯坦说，天才就是1%的灵感加上99%的汗水。而那1%的灵感是很重要的。捕捉灵感，并从灵感中寻求机会，是许多创业者、成功者成功的推动力。

有一个普通的大学毕业生在一家远洋轮船公司干一份又苦又累的维修工作。但他不甘心永远这样下去，他用心捕捉着灵感和机会。由于他十分用心，一次又一次地发现机会，并且抓住机会，最终改变了自己的命运。

有一次，他随船出海，船停在了美国的佛州港湾。那时候，当地的美国人还不太喜欢吃鲜贝，因而捕鱼的船往往留下鱼后，就把那些一起捕捞上来的超大号的鲜贝扔掉。可这个年轻人知道，那样大的鲜贝在广州简直可以卖出天价，大鲜贝是极品海鲜！于是，他说服了那些渔民让他把鲜贝带回广州。

一大船的免费鲜贝运回后，当天就被抢购一空。捧着钞票，他哭了，因为这一次特别的"用心"，让他赚到了人生第一桶金，而且没费一分一毫的本钱。

后来，他所在的船只又出海到了墨西哥某个港湾。那个港湾盛产海马，经过多天的观察，他惊奇地发现，小孩子们从水桶里捞出海马，当玩具互相丢着玩！

于是，他又意识到机会来了。他给了那些孩子一些零食，让他们把海马晒干了给他。结果，一大批干海马被运回国内，他又赚了一大笔钱。而这次，更让他意识到，只要多多留心，发财的机会就在眼前。

后来，他们的船只航行到了非洲的一个港口。他和船员们下船后，坐在一棵树下休息。忽然一阵微风吹过，一种红色的树籽"噼噼啪啪"地被吹落到地上。他仔细观察这些"红豆"，玲珑剔透，红润可爱，全是心形。他拿在手上，忽然想到，这些树籽，不就是非洲的相思豆吗？它们比中国的相思豆——红豆更加神似，因为他们都是心形的！他找来了一位当地人，问他收集几麻袋红豆需要多少报酬。那人用奇怪的眼光看着他，摇头，那意思是说，这不过是些没人要的树籽，你要它干吗？见他执意要，黑人就说给几袋面粉吧。

红豆运到国内，他将这些红豆做成了手工艺品，果然不出所料，受到恋爱中的人热烈欢迎，更是卖了个好价钱。这一次的创意，让他拥有了更大的成功。

再后来他决定不再随船出海，而是移民到了美国，在佛州扎根下来，做餐馆和房地产的生意。

当时他很想开中餐馆，但他知道，如果盲目投资，那成功的希望一定渺茫。经过观察，他发现这里亚洲人很少，他的餐馆只能走高档路线，以低成本高价格的经营策略，他没有和大多数中国人一样开中餐馆，而是开了家日本铁板烧。后来他的餐馆做出了品牌，赢得了顾客的认可。

他叫张永年，一个看上去普普通通的美籍华人。如今，他在美国已拥有七家餐饮连锁店。

很多时候，成功不是偶然的，想要改变处境的人，应认真思考，时时用心，处处留意，开发灵感，寻找机会。一个人如果用心捕捉灵感和机会，就容易走向成功。

那么，"灵感"来了如何去做呢？

（1）一旦来了"灵感"就尽快记录，在当下记录得越详细，灵感就越容易被"唤醒"；

（2）为了高效记录，可以用各种符号、颜色、关键词等方式记录；

（3）记录下来的"灵感"，可以安排固定时间或者就是每天某一个时间点来统一"收割"；

（4）"收割"灵感的方式最直接的就是变成一个个的"卡片"，用尽可能简洁的方式标注下来，并注明关键词和关联点为"标签"，这样方便以后运用。

灵感其实并不神秘。一个人长期思考和探索某个问题，在头脑中逐渐积累了许多有关的知识和信息，虽然暂时还没有找出最后的答案，但可能只隔着薄薄的一层"窗纸"。一旦受到某种意外的启发，把这层"纸"捅破，就会恍然大悟，豁然贯通，在认识上出现一个飞跃。这就是灵感产生的原因。

勤奋学习，努力工作

▰ ▰ ▰ ➤

　　勤奋学习，就是在成绩面前永不满足，不断追求进步，积累更广泛的工作经验，不断对自己提出更高的学习目标。

　　努力工作就是要克服工作中的困难，积极找出问题的原因，不解决难题不罢休。

　　卡莱尔说，天才就是无止境刻苦勤奋的努力之人。人如果想成为工作中不可替代之人、有用之人，就一定要树立起勤奋学习、努力工作的目标，这样。心中有了目标，就会朝这个方向努力，最终取得成功。

　　学习的机会不只是在工作中，在与那些人格、品行、学问、道德都胜人一筹的人交往时，也可以学习到各种对自己有益的养分，对提高自己的水平、修养也是一种很好的学习。如果一个人经常与那些无论是品行还是能力都在他之上的人在一起，就会进步得更快。

20世纪80年代，美国莲花公司在"莲花1—2—3"研制的基础上，乘势为苹果电脑公司的麦金塔电脑开发软件，并命名此软件为"爵士乐"。

比尔·盖茨在透彻分析和比较"莲花1—2—3"的优劣后，提出了一个大胆的决定——超越莲花公司，尽快推出世界上最高速的电子表格软件，并给该软件取名为"超越"，足见其雄霸市场之心。

在整个设计过程中，盖茨紧盯莲花的开发进展，唯恐落后于它，并一再加快研制"超越"的步伐，决心抢在"爵士乐"上市之前，吹响"超越"的号角。在全体员工拼命学习、拼命工作的共同努力下，"超越"软件比"爵士乐"整整提前5个星期问世。而这关键的5个星期，决定了两个产品完全不同的命运。

盖茨后来说，工作中如果没有学习和竞争，就不能激发企业和员工的动力和激情，就不能激发员工的价值潜力，一个没有学习精神的企业也是没有希望的。

到了1987年，微软的"超越"以89%：6%的悬殊比分，将"爵士乐"远远甩在身后，大大地击败了莲花公司。此后，微软马不停蹄地急速快跑，超越了一个又一个竞争对手，最终跑在了市场的最前头。

但微软似乎并不满足于现状，取得成功后没有丝毫停歇止步的迹象，开始以自己为"假想敌"，通过学习对手，研究市场，博采众长，不断研发新产品，开始挑战自我和超越自我，以期持续保持不败战绩。

微软之所以不知疲倦地快速奔跑，或许是因为每个微软员工头顶上都悬着一把"达摩克利斯之剑"——盖茨的名言：微软离倒闭只差18个月。盖茨要求员工不断学习、不断成长！员工们也以超强的行动力学习、进步、超越，最终成为强中之王。而一些成长中的弱小公司和日益疲软的公司则因为不继续学习，在竞争中滑入倒闭解散之路。

人的才能并不是天生就有的，而是通过学习、实践锻炼出来的。当然，勤奋是最主要的部分，不勤奋哪来的成功？

优秀的科学家安培，有一天在路上边走边思考问题，突然抬头看见前面有一块"黑板"，他立即掏出一支随身携带的粉笔，把脑中思考的问题写下，计算起来。谁知这块"黑板"不断向前移动，于是安培也跟着前移，并且继续计算着，渐渐地"黑板"移动更快了，他也跟着跑了起来。当他实在跑不动而停下来时，发现他一直写着的不是黑板，而是马车的后背挡板，他望着车背上的数学公式渐渐远去，懊丧地叹了一口气："唉！可惜还没有算完。"

学习，是人类成长进步的基石。在科学技术日新月异、知识信息急剧增长的今天，人们越来越认识到学习的重要性与紧迫性，从而强烈激发了学习的自觉性与主动性。

学习，无疑是当今世界的一大热词，创建"学习型社会"正在成为增强自身适应能力、提升国际竞争力的战略抉择。

学习贵在勤奋，虽然有时也会失败，但不要放弃，因为失败是成功之母。而不懈学习，希望之光就会驱散绝望之云。

学习倘若以自己为对手，就能不断挑战自己，不断给自己设定更高的目标，战胜和超越自我，获得永不停息的学习价值力！一个人，如果勇于学习，就能在事业的跑道上快速飞奔，并用责任心创造出事业的辉煌。

"世界上没有笨的人，只有不勤奋的人"。诸葛亮少年时代，师从水镜先生司马徽，他学习刻苦，勤于用脑，不但司马徽赏识他，连司马徽的妻子也喜欢这个勤奋好学、善于用脑的少年。

那时，还没有钟表，计时用日晷，遇到阴雨天没有太阳，时间就不好掌握了。为了计时，司马徽训练公鸡按时鸣叫，办法就是定时喂食。为了学到更多的东西，诸葛亮想让先生把讲课的时间延长一些，但先生总是以鸡鸣叫为准，于是诸葛亮想：若把公鸡鸣叫的时间延长，先生讲课的时间也就延长了。于是他上学时就带些粮食装在口袋里，估计鸡快叫的时候，就喂它一点粮食，鸡一吃饱就不叫了。

学习需要勤奋。勤奋是中华民族自古以来的传统美德，无数与勤奋有关的故事历来为人们称道：车胤"萤入疏囊"是勤奋，孙康"雪映窗纱"是勤奋，匡衡"凿壁偷学"是勤奋，苏秦"悬梁刺股"是勤奋，祖逖"闻鸡起舞"也是勤奋，勤奋使他们最终都成就了一番伟业。

当今社会，新挑战应接不暇，这就要求员工要时刻保持高昂的斗志去迎接这一切，而勤奋学习是永远的课题。员工只有勤奋学习才能创造出属于自己的一片天地。即使公司不是你开的，你也可以把它当作是自己的事业来做，勤奋学习，努力工作。这样，当有一天你获得了收获，你会自豪地对自己说："这就是我勤奋学习、努力工作的结果。"

责任第一，不找借口

工作中，找借口是一些员工常干的事，这些人总是在一大堆借口中想方设法推卸责任或者逃避责任；还有的人把工作上的任务做到一半，因为怕苦怕累就在抱怨声中找了一大堆进行不下去的借口而打退堂鼓了。上述这些人实际上责任意识缺失，不能承担责任。借口就像他们的挡箭牌，挡住了工作，也挡住了他们发展前途。

那么，企业欣赏什么样的员工呢？有一位老总讲了这样一个故事：

他曾经正式招聘过一位员工，但不到半个月时间，他就不得不把她辞退了。

那位员工是一位刚毕业的女大学生，学识不错，形象也很好，但有一个明显的毛病：做事不认真，遇到问题总是找借口。刚开始上班时，大家对她印象还不错。但没过几天，她就开始迟到，办公室领导几次向她提出这一问题，她总是找这样或那样的借口来解释。

一天，老总安排她去某大学送材料，要跑三个地方，结果她仅仅跑了一个地方就回来了。领导问她怎么回事，她解释说："那地方好大啊。在传达室问了几次，才问到一个地方。"

老总生气了："这三个单位都在那个地方，你跑了一下午，怎么会只找到这一个单位呢？"她急着辩解道："我真的去找了，不信你去问传达室的人！"

老总心里更有气了："我去问传达室？你自己没有完成交办任务，还叫我去核实，这是什么话？"

其他员工好心地帮她出主意："你可以找那地方的电话总机问问三个单位的电话，然后分别联系，问好具体怎么走再去。""你不是找到了其中的一个单位吗？你可以向他们询问其他两家怎么走。""你可以在进去之后，问一些人……"大家纷纷说，谁知她一点也不理会同事的好心，反而气鼓鼓地说："反正我已经尽力了！"

就在这一瞬间，老总下了辞退她的决心：既然这已经是你尽力之后达到的水平，想必你也不会有更高的水平了。那么只好请你离开公司了！

这样的员工的确让老板忍无可忍，但仔细观察一下，就会发现在工作中遇到问题不是想办法解决而是找借口推诿的人并不少见，而他们的命运也显而易见——或者常跳槽或者事业上一无建树。

美国成功学家格兰纳特说过一句名言："如果你有系鞋带的能力，就有上天摘星星的机会！"

工作中，无论你的每一个借口多么振振有词，背后都隐藏着推卸或者逃避责任的潜台词。找借口是世界上最容易办到的事情之一，借口会让人们掩饰自己的错误，拖延行动，阻碍执行力。

在美国的西点军校有一个历史悠久的良好传统：没有任何借口。长官问学员话时，只有两种回答："报告长官，是"或者"报告长官，不是"。命令面前，不找任何借口是学员必须奉行的行为准则。这种理念使他们明白：责任面前没有任何借口，成功没有任何借口，失败也没有任何借口，人生中更是没有任何借口。

没有借口，就不会有抱怨，就会全力以赴、尽职尽责地去努力完成工作任务，哪怕再苦再难，也会想方设法达到最好的效果。

西点军校毕业的马斯在服役中第一次一个人赴外地执行任务时，连长交给他7件任务：去某战略要塞，见驻守在那里的长官，请示上级一些事，提出一些申请，还要带回一些药品……马斯下定决心要把这些任务一一完成——虽然他不知道如何去做。

终于，他九死一生来到战略要塞，见到了驻守在那里的长官，请示完上级一些事并提出了一些申请等他批复完，马斯向他提出要带回一些药品时遇到了最大的难题：原来这里的药品也不是很充足，长官不愿意分给他一些。

马斯费尽心思、苦口婆心地软磨硬泡，一连几天都没有效果，他真的想放弃了。但当他正在犹豫准备回去复命时，"没有任何借口"的西点军训又一次坚定了他要完成任务的决心。

终于，战略要塞的长官被他百折不挠的精神打动了，给了他一些宝贵的药品，在他临行时，还赞许地拍拍他说：小伙子，好样的！

马斯回来向连长复命时，连长对他能在苛刻的战略要塞的长官那里获得药品显然感到很意外，他原本以为马斯拿不到药品，而且拿不到也情有可原，毕竟即使自己亲自出马也未必能得到这些宝贵的药品——药品在对方的部队也是奇缺啊，而马斯完全有很好的借口推卸或者逃避这个责任。可是，马斯以"责任面前没有任何借口"的敬业精神履行了他作为一个军人的职责，最终，连长认为马斯"是个了不起的人"！

工作中没有哪一个老板欣赏"借口满天飞"的员工，没有哪个企业愿意要没有责任心、爱推卸或者爱逃避责任的员工。

工作中，再完美的借口也于事无补，没有任何借口的要求看似严苛，看似强人所难，但却可以最大限度地激发一个人的勇气和责任心，使之排除万难去努力完成任务。也许，很多在一大堆借口和抱怨中无法做成的事，在"责任面前没有任何借口"的坚定信念下就会不攻自破了。

小丽是一家外企的小文员，身为秘书，她每天在公司里忙着上传下达、整理资料、服务领导、日常接待等工作事务，总是像只不停的陀螺，一刻也没有清闲。但与别的秘书相比，她总能把事情做得更好，工作安排得更井然有序，所以，公司上下对她的印象都很好。而小丽对什么事情也都有一份超强的责任感，不管是打印资料、整理文件，还是及时做好上司的日程安排，总能想人之所想，避免出现意外。即使工作中有紧急的突然变化，她也能在最短的时间里考虑最好的应急方法解决。虽然这些事情，有时她有理由借故不做或者少做，或不必事事都费心替上替下地详细考虑，但她从没有过推卸责任或者逃避责任的想法，一句话，她把工作中的事情、公司里的事情看得万分重要，她心甘情愿地把自己全力以赴地投入每一件工作琐事中。

就拿节假日加班来说吧，春节、五一的加班和值班几乎没有人愿意主动做，可小丽从不找理由推辞，到了单位也安心和平时一样忙碌工作。有时上司晚上安排临时任务，比如会议前或项目完成后要汇总资料、上报总结，以及一些额外的纷繁杂乱的工作，她也能一连数日在办公室挑灯夜战，不抱怨苦和累。

好多同事说她想不开，白白为上司卖命不值得，随便找个借口推托一下，上司也是无话可说的。但她总是笑笑说："我在这个岗位上，这就是我的责任，如果做不好，我这是对自己不负责任啊。"

功夫不负有心人，她的责任心最终得到了公司总裁的认可，就这样，她从一个默默无闻的小职员一步一个脚印地升职到了行政部的负责人。总裁说："没有任何借口的员工是行政部最需要的人才，她能够担当这样的重任。"

可见，没有任何借口、全力以赴地工作，带给一个人的不只是殚精竭虑、多承担责任和多劳苦的艰辛，还有未来事业的发展和职位的晋升。而一大堆借口和抱怨不仅于工作无益，对人的责任心也是最大的腐蚀剂。

现今，有些员工上班迟到了，说是因为堵车；工作干砸了，说是领导决策错误；客户不满意，说是对方过于苛刻；升不了职，说是领导偏心等。

借口就像一个掩饰弱点、推卸责任的"万能器"，有多少人把宝贵的时间和精力放在了如何寻找一个合适的借口上，而忘记了自己的职责和责任。更为可怕的是，借口还常常成为一张敷衍别人、原谅自己的"挡箭牌"。借口太容易成为扼杀人的创新精神、让人消极颓废的工具，它像一剂鸦片，让人一而再、再而三地去品尝，逐渐让人变得心虚、懒惰，遇到困难就退缩，最终丧失执行力。

所以，赶快把责任面前没有任何借口的理念深植于心吧，让它成为激励你尽职尽责工作的动力！

把开拓创新当成习惯

■ ■ ■ ➤

生活中，一张有一个黑点的白纸展现在人们面前时，引起人们注意的往往是黑点而不是白纸，这或许是人的本能使然，也或许是习惯作祟。但不管是本能还是习惯，最终反映出的是一种长期以来形成的思维定势。

这种思维定势使人们在观察事物时，只注意最耀眼的部分而忽视整体，犹如管中窥豹，只见一斑；又如林中观景，只见树木不见森林。

人的思维定势通常来源于他的生活经验和习惯，有经验固然是好事，但如果固于经验，就容易画地为牢；而习惯虽可以使人们不假思索跟着感觉走，但却更容易使人循规蹈矩，固步自封。所以，打破旧有的思维定式，在看到黑点的时候，同时也看到整张白纸。

那么，什么是思维定势呢，思维定式是指习惯性思维，指人们在考虑研究问题时，用固定的模式或思路去进行思考与分析，从而解决问题的倾向。

打破思维定势，需要勇气，更需要智慧，需要眼光，更需要魄力。

伽利略为证明自由落体定律，做过一个实验。在当时，几乎所有人都信奉亚里士多德的重物先落地的经验论，但伽利略不迷信于名人和他人的生活经验，他找了大小两个球在比萨斜塔做实验，最后证实亚里士多德的说法是错误的。

所以，打破思维定式，进行创新思考，这是有责任心的人工作习惯。而要想成为一名出色的员工，一定要养成这种习惯，方能激活创新智慧。人的创新能力真正来源不是学了多少书本知识或他人技术，而是打破思维定式后的奇思妙想。

某厂从国外引进了一台样机。在仿制生产时，有技术人员发现，样机的底座上有一个螺帽，仅仅是旋在底座上，与其他部件没有任何联系。那么，这样一个螺帽起什么作用呢？该厂从领导到技术人员无一能够理解。

最后，领导拍板说："既然人家的样机上有这样一个螺帽，那想必就有它存在的道理，我们照葫芦画瓢就行了。"于是，该厂人员便在本来完好无缺的底座上钻一个孔，然后旋上一个螺帽。

不久后，样机的生产商派技术人员来进行回访，发现该厂生产的机器底座上都安了一个螺帽，忍不住放声大笑：原来样机上的那个螺帽，是因为当时生产时工人不小心钻错了一个孔，为了掩饰这个错误才安的一个螺帽，哪想到你们竟会如此照葫芦画瓢？

其实这也不是这个厂的人不动脑筋，事实上他们也就这个问题进行过多次研究，但因为他们头脑里已经形成思维定式，那就是人家的东西肯定是完全正确的，因此，只要照着做就行了，而没有用心思考，大胆质疑，故闹出笑话。

如今，在以新求胜、以新求发展的今天，一个员工责任心的高下，在很大程度上决定着创新能力的高低，所以，要想工作出色，务必打破旧有思维的条条框框，学会把开拓创新当成一种习惯，让创新的智慧助人很好地完成工作。

1972年，美国民主党大会提名麦高文竞选总统，对手是共和党的尼克松。但后来，麦高文宣布他和他的竞选伙伴参议员伊哥顿放弃竞选。

在一般人眼里，这只是一个普普通通的政治决定，但一个16岁的年轻人却从中发现了一个难得的机会。他立刻以5美分的价格买下了全场5000个已经没用的麦高文及伊哥顿的竞选徽章及贴纸。然后，他以稀有的政治纪念品为名，立刻以每个25美元的价格兜售这些产品，小赚了一笔。这个年轻人，就是比尔·盖茨。

如果你以为那些创新能力很强的人一定都是绝顶聪明的人，那你就大错特错了。事实上，大部分人事业上的成功，是由创新精神引领的。

大多数人对麦当劳的创始人雷蒙·克罗克的名字耳熟能详，但实际上，克罗克并不是最先创立麦当劳的人。

麦当劳最先由麦当劳兄弟所创立，但是他们未能预见麦当劳的发展潜力，因此他们将麦当劳的概念、品牌以及汉堡等产品，统统卖给从事销售工作的克罗克，让他经营。

克罗克以其独特的行销策略，将麦当劳以连锁店的形态推广至全世界，变成今天规模数十亿美元的庞大企业。克罗克的成功，就在于他比麦当劳兄弟更有创新意识，他抓住了麦当劳兄弟原先忽略的地方，改变旧有的经营模式，创造了自己事业生涯上的辉煌。

创新突破往往与艰深的知识和技术无关，它更有可能来自一个人创新潜意识。

一些看起来很普通的事物，只要多去思考，一定能够寻找到更简单、更容易、更有效率的做事方法，创造出"出人意料"的成绩。事实上，有很多影响人类生活的发明，例如微波炉、圆珠笔、创可贴等产品，都不是专业人士的杰作，而是一些普通人的创新"神来之笔"。

思路决定出路，格局决定结局，创新思维是不受常规思路的约束，寻求对问题全新的、独特性解答和方法的思维过程，是创造力发挥的基本前提。

人要摒弃从众心理，不钻牛角尖，善于采取多向思维方法，学会创造性、建设性地思考。创新，是任何有责任心的人用心思考的结果和人生的态度，所以，如果你想成功，不妨从现在开始努力培养这种习惯吧！

攀登心理高度，重塑自我认知

▬ ▬ ▬ ➤

.

不少员工在工作中存在着这样的情形："老板这次布置的任务根本不可能完成""这个任务太难了，我肯定不行"。

但当他们认为不行，老板转给其他同事处理时却总有员工可以完成，甚至有时候出色完成这个任务的同事大家还认为资历、能力都不如上述员工。

那问题到底出在哪里呢？问题主要就出在了"自我设限"上。

心理学对"自我设限"的定义是"个体针对可能到来的失败威胁，事先设计障碍的一种防卫行为"，这种防卫行为虽然可以防止自身能力不足带来的挫败感，暂时维护自我价值感，但却常常剥夺了设限者的成功机会。

"自我设限"通俗说就是在自己的心里默认了一个"高度"，这个"心理高度"常常会暗示自己：这么多困难，我不可能做到，也无法做到。想成功那是绝不可能！"心理高度"像块巨石，阻碍着人在人生及事业成长道路上前进。

有人曾经做过这样一个实验：他往玻璃杯里放进一只跳蚤，结果跳蚤轻易地跳了出来。再重复几遍，结果还是一样。

经测试，跳蚤跳的高度一般可达它身体的400倍左右。接下来这位实验者再次把这只跳蚤放进杯子里，不过同时在杯上加了一个玻璃盖，"嘣"的一声，跳蚤重重地撞在玻璃盖上。跳蚤虽然困惑，但是它并没停下来，因为跳蚤的生活方式就是"跳"。

于是，跳蚤一次次被撞，后来跳蚤开始变得"聪明"起来了，它根据盖子的高度来调整自己跳的高度。过一阵子，这只跳蚤跳起来再也没有撞击到盖子，它只是在盖子下面自由地跳动。

一天后，实验者把这个盖子轻轻拿掉了，但跳蚤还是在原来的高度继续地跳。三天以后，这只跳蚤仍保持原有高度跳。一周以后，这只跳蚤仍保持原有高度不停地跳着，显然，它已无法跳出这个玻璃杯了。

这只跳蚤就是给自己"设限"，他以为自己再也跳不出玻璃杯，于是不再努力向更高的高度冲击。

人生就是一个不断地在挑战中成长的过程，只有那些在工作中不设限，敢于打破常规的人，才能够牢牢抓住让自己走向卓越的机会。

从前有个读书人，不管做什么事情，都中规中矩，喜欢引经据典，并坚信古训不可违。

有一天，他家失火了，他嫂子气喘吁吁地对他说："速喊你哥哥救火，他在隔壁李老爷家下棋。"

读书人出了大门，自言自语道："嫂嫂叫我速去，圣贤书上不是说过'欲速则不达'吗，我岂能速去！"

于是，他慢慢吞吞地走到了李老爷家，一见哥哥正在兴高采烈地下棋，便默默地立在哥哥身后观棋。等到一局下完了，他才说道："哥，家中失火，嫂子叫你马上回去救火!"

他哥哥一听，气得浑身发抖，骂道："你在这里站了半天，为什么不早说？"

读书人指着棋盘上的字说："此棋盘上写着'观棋不语真君子'!"

他哥哥见他还在"假斯文",举起拳头要打他,但又缩了回来。

读书人见哥哥缩回拳头,反而把脸凑了过去,说道:"哥哥,你打吧!棋盘上写着'举手无回大丈夫',你怎么又把手缩回去了呢?"

故事中的这个读书人十分可笑,他就是我们常说的"书呆子"。这种人做起事来从不去思考该怎么办才能有更好的效果,只会"本本主义"地"照章办事",这就是典型的自我设限。

自我设限不但让人难有作为,还会遭人耻笑。

一个小女孩看着妈妈在做饭,好奇地问妈妈:"为什么你每次煎鱼时都要把鱼头和鱼尾切下来另外煎呢?"

妈妈被问愣了,回答说:"因为我从小看见你的外婆都是这么做的。"

后来妈妈也很想知道原因,于是就打电话问她的母亲,这才知道原因:原来过去家里的锅太小,无法放下整条鱼,所以她的母亲才把鱼的头和尾切下来另外煎。

这样的故事我们似曾相识吧?经验相对于日新月异的现实,有时不仅无助于事情解决,甚至还可能会适得其反。

有些人对经验过分依赖乃至崇拜，不仅打破不了条条框框，不敢攀登心理高度，更有甚者，会成为教条主义、经验主义的"奴仆"。而敢于重塑认知的人，在他们眼中没有牢不可破的常规，一切方法都是要为结果负责的，所以，他们敢于挑战经验，能够有所创新。

　　有句话说：舞台再大，你不上台演讲，永远是个观众；平台再好，你没参与，永远没有成就。

　　想想看，每颗珍珠原本都是一粒沙子，但并不是每一粒沙子都能成为一颗珍珠。人要想让自己得到重用，取得成功，就要忍受打击和挫折，承受忽视和平淡，敢于经历把自己从一粒沙子变成一颗价值连城的珍珠的过程。而做到这一点，首先要检查自己是否存在自我设限的问题，如果有，抓紧改正，朝着正确的有效思维方向努力，因为，世上没有牢不可破的一成不变的常规。

　　那么，如何重塑自我认知，敢于攀登心理高度呢？首先，反思自己有哪些自我设限，然后转变思维，将自己认为给自己设限的东西去除，在这过程中要相信自己，有挑战自己的决心，同时勇于面对错误、改正错误，扬长避短，做到真正重塑自己。

坚守做人的责任

██ ██ ➡

　　责任从字面理解为职责和任务。但实际上责任是一种使命，一种做人的态度。

　　在英吉利海峡矗立着阿尔威船长的雕像。1870年3月17日阿尔威船长在航海时，由于机件故障，导致船舱大量进水，就在人们惊恐万状的时候，阿尔威船长果断而沉着地指挥所有乘客和船员井然有序地转移到救生艇上，而他一个船长却与客轮一起沉入了海底，原来他忘了把自己列进待救的名单！

　　正是对全船人的责任，让他不顾自己安危。

　　一个人有无责任心，在做事时可以看出来。车尔尼雪斯基说：生命和崇高的责任联系在一起。

这是一个真实的故事。一个公交汽车司机在拉运乘客途中，突然心脏病发作，极度痛苦，公交车面临失控的危险，但他仍坚持着做完了三件事：一是把车慢慢靠到路边；二是踩下刹车；三是打开车门，看着乘客一个个都下去了，才无力地趴在方向盘上，再没有醒过来。

是的，一个人做事的途径可以千差万别，但应该都有这样的责任意识：人所能负的责任，我必能负；人所不能负的责任，我亦能负。如此，你才能磨炼自己，让责任进入更高的境界，让责任价值最大化。

20世纪初来到美国的一位意大利移民曾为人类精神历史写下灿烂光辉的一笔。

他叫弗兰克，经过艰苦的劳动积攒了一笔积蓄，然后开办了一家小银行，但银行不久遭到了抢劫，他破了产，储户失去了存款。

当他带着妻子和四个儿女从头开始的时候，他决定偿还那笔天文数字般的欠款。周围所有的朋友都劝他："你为什么要这样做呢？银行被抢你是没有责任的。"但他回答："是的，在法律上也许我没有责任，但在道义上，我有责任，我应该还钱。"

偿还债务的路是艰难的，为此他过了30年的苦日子，当还完最后一笔债务时，他感叹地说："现在我终于无债一身轻了。"是的，他用一生的辛酸和汗水完成了他的责任。

责任的存在，是上天给世人的一种考验，许多人通不过这场考验，后退了，放弃了。承受考验的人也会逝去，但他们仍然活着，精神使他们流芳百世。

1920年的一天，美国一位12岁的小男孩正与他的小伙伴玩足球，一不小心，小男孩将足球踢到了邻近一户人家的窗户上，一块玻璃被击碎了。

一位老人立即从屋里跑出来，勃然大怒，大声责问是谁干的，伙伴们纷纷逃跑了，小男孩却走到老人跟前，低着头向老人认错，并请求老人宽恕。然而老人十分固执，小男孩委屈得哭了，最后老人同意小男孩回家拿钱赔偿。

回到家，闯了祸的小男孩怯生生地将事情的经过告诉了父亲。父亲并没有因为其年龄还小而开恩，却是板着脸沉思着一言不发。坐在一旁的母亲总是为儿子说情，开导父亲。

过了不知多久，父亲才冷冰冰地说道："家里虽然有钱，但是他闯了祸，就应该由他对过失行为负责。"

停了一下，父亲掏出了钱，严肃地对小男孩说："这15美元我暂时借给你赔人家，不过，你必须想办法还给我。"

小男孩从父亲手中接过钱，飞快跑过去赔给了老人。

从此，小男孩一边刻苦读书，一边用空闲时间打工挣钱还父亲钱。由于人小，不能干重活，他就到餐馆帮别人洗盘子刷碗，有时还捡捡破烂。经过几个月的努力，他终于挣到了15美元，并自豪地交给了他的父亲。父亲欣然地拍着他的肩膀说："一个能为自己过失行为负责的人，将来一定是有出息的。"

许多年以后，这位男孩成为美利坚合众国的总统，他就是里根。后来，里根在回忆往事时，深有感触地说："那一次闯祸之后，使我懂得了做人的责任。"

是的，坚守责任，不是一种敷衍，不是一句简单的口号，它需要付出努力。坚守责任，不需要惊天动地的行为，它可以很平凡，但是结果却很伟大。

胸有凌云志，敢为天下先

鲁迅先生曾经说过："第一个吃螃蟹的人是伟大的人。"那是因为螃蟹张牙舞爪，看上去十分可怕，没有人敢招惹它，第一个吃的人冒着不可知的危险，勇敢作为，使人们多了一道美餐，当然可敬。所以，后来人们就将具有开拓精神，做前人不敢做的事情的人叫作"第一个吃螃蟹的人"。

中国古人说"胸有凌云志，敢为天下先"，阐述的是一种勇气，但并非匹夫之勇，而是经过深思熟虑之后的勇敢。人只有拥有这种特殊勇气，才会取得成功。

今天，在产品以及服务日趋同质化的时候，要想显示出与众不同的差异，从竞争中胜出，就得敢为天下先，做他人没有做过的事。

当初苹果电脑公司在IBM没为个人设计小型电脑前，就开始生产家用小型电脑，并不断推陈出新，发展到今天的ipad，几乎占领了家用电脑方面的全部市场。

日本汽车商在用心研究美国的汽车工业后，发现美国的三大汽车巨头没有生产小型汽车，于是开始生产小型家用汽车，最终改写了汽车工业历史，创造了巨大的财富。

敢为天下先，是勇敢；敢为天下先，是奉献；敢为天下先，是自信。

在美国西南航空公司的宣传画册上写着这样醒目的文字："我们用心激发潜能，我们有全美国最出色的驾驶员。"的确是这样，西南航空公司为他们具有责任心的出色的驾驶员感到十分自豪。而驾驶员们则以自己敢为天下先的精神，为公司全面发展打下基础。有一个例子可以说明：

西南航空公司原来一年内在汽油上的花销大概是3.5亿美元，管理者想尽办法，都无法降低这个成本。但是西南航空公司的驾驶员们却在不影响服务质量的前提下，使这一成本缩减了10%。

原来西南航空公司的每一位驾驶员都知道在机场内如何走近

路，他们十分清楚走哪一条滑行跑道最节省时间，每一个飞行员在飞行时都能主动节省时间，而节省一分钟就意味着节省8美元的油钱，这样算下来，他们为公司创造的效益是巨大的，节油成本的数字也是相当惊人的。

成功者之所以成功，勇为人先。成功没有尽头，生活没有尽头，生活中的艰难困苦对人们的考验也没有尽头，在努力奋斗后所得到的收获和喜悦也没有尽头。

钱学森，中国航天之父，年轻时他漂洋过海到海外求学，学成后欲回国，却被阻挠，在周总理的帮助下才得以回国。归国后，他一心一意扑在中国航天事业上，在没有任何外国人帮助的情况下，他勇为人先，挑起重任，披荆斩棘，带领航天队伍开辟了中国航天之路。

他倾毕生心血，揭开了中国的航天史新篇，他敢于做先行者，做他人未曾做过的事。

海洋上的一座冰山，人们只看到了它露出水面的那隐隐约约的极小一部分，而它绝大部分都被海水淹没。人的潜力就像海水中的冰山，被人们忽视，而激发深藏于内心的潜能，打破旧有思维模式，敢为天下先，就能在竞争中出奇制胜。

简单重复的工作也要做到极致

▬ ▬ ▬ ➤

即使是简单重复的工作，也要抱着负责到底的信念做好。人没有责任心，就要被他人替代或淘汰出局；企业没有责任意识，就不能上升到一个新的高度。

有一位自以为"资深"的讲师到一所高校应聘，他非常自信地开出了自己的薪水与各种待遇要求。但是，主考官并没有立即答应他，而是要求他先为学生们讲10分钟课。

而讲课的结果并没有显现出他的过人之处，但讲师坚持声称自己教过20多年书，主考官于是反问道："你是真的教了20年书，还是教过一年书，然后重复了20遍呢？"

不要认为，一件简单的事情只要重复做就一定会成为擅长的事。优秀员工与普通员工最大的差距就是在责任上。普通员工最大的缺点之一是习惯抱着得过且过的态度工作，他们认为自己在一个职位上熬的年头足够长，就有资格获得应该获得的待遇。他们没有把责任心放在工作上，所以，一件简单的工作重复上千万遍也没什么改进，只是重复。

曾主持中央电视台《经济半小时》和《开心辞典》节目的著名主持人王小丫，本科就读于四川大学经济系，毕业后被分到一家经济类报社当记者。可她万万没有想到，报社领导把她分配到通联部去抄信封。整整三个月，她都是在桌案上与信封为伴。

当时王小丫感觉失望透了，但尽管她有些想不通，可她照样好好干，尽职尽责地把这样枯燥的任务非常用心地完成。不久，她的信封写得又快又好，一个人的工作量抵得上别人的三倍。领导看她表现十分突出，就主动问她："想不想干点什么其他工作？"

从此以后，她先后成了文摘版、理论版和副刊的编辑……

王小丫的成功诠释了一个道理：坚持把简单的事情做好就是不简单，坚持把平凡的事情做好就是不平凡。

一位销售大师应邀到某城体育馆做告别职业生涯演说。在人们潮水般的掌声中老人走上舞台。舞台中央搭起了巨大的铁架，吊着一个硕大无比的铁球。

这位销售大师请来两位身强体壮的观众，分别给他们一把大铁锤，请他们用这个大铁锤去敲打那个吊着的铁球，只要能把它荡起来就算成功。

一个年轻人抢着拿起铁锤，拉开架势，全力向那铁球砸去，一声震耳的响声，吊球动也没动。他接着用大铁锤接二连三地砸向吊球，很快就气喘吁吁。

另一个人也不示弱，接过大铁锤把吊球打得叮当响，可是铁球仍旧一动不动。

台下逐渐没了呐喊声，观众好像认定那是没用的，就等着大师做出解释。

会场恢复了平静，这位销售大师从上衣口袋里掏出一个小铁锤，然后用小锤对着铁球"咚"地敲一下，然后停顿一下，再一次用小锤"咚"地敲一下，人们奇怪地看着销售大师，销售大师就这样持续地做。

10分钟过去了，20分钟过去了，会场早已开始骚动，有的人干脆叫骂起来。销售大师仍然敲一小锤停一下地工作着，他好像根本没有听见人们在喊叫什么。

人们开始愤然离场，会场上出现了大片大片的空缺，留下来的人们好像也喊累了，会场渐渐地安静下来。

大概在销售大师敲打了40分钟的时候，坐在前面的一个妇女突然尖叫一声："球动了！"

刹那间会场鸦雀无声，人们聚精会神地看着那个铁球。销售大师仍旧一小锤一小锤地敲着，吊球在老人一锤一锤的敲打中越荡越高，它拉动着那个铁架子"哐哐"作响。终于，场上爆发出一阵阵热烈的掌声，在掌声中销售大师转过身来，慢慢地把那把小锤揣进兜里。

老人开口讲话了，他只说了一句话："简单事情重复做，你就是专家；重复事情用心做，你就是赢家。"

简单的事情重复做，这句话看似简单，其实内涵很深！成功就是简单的事情重复做，通过不断地做把事情做到极致。这样的例子有许多，我国古代有愚公移山、铁杵磨针等典故。

天下之事不难，难在持之以恒。再难做的事情，都是人做出来的。再复杂的事情，都可以分成很多简单的事情来完成。

每天坚持做一点，以愚公移山的精神，总有把事情做完的时候。每天进步一点，365天，就是365个进步。

所以，人应该对所担负的工作充满责任。一个有责任的员工，会时时刻刻为企业的利益着想，而不只是做简单的重复劳动。重复中把工作做到极致，找到高效技巧，就有可能得到更多的机会走向成功。

突破职业中的"瓶颈"

▶▶▶▶

　　许多人在职场待久了都会产生惰性，工作怎么省心怎么来，怎么可以少承担责任怎么来，甚至有不求有功、只求无过的心态，直至在碌碌无为中"混过一年又一年"，到头来感叹时间过得太快。这些人就是人们常说的"今天工作不努力，明天就得努力去找工作"的人。当然，他们中有些人并不去想如何提高自己的能力，也不愿意发展自己的事业，因此，往往无法突破职业中的"瓶颈期"，把自己卡在事业的"半空中"。

　　在职场工作的人一般都会有工作的"瓶颈"，有人说职业生涯犹如爬山，越是下面往上爬越轻松，动力也越足，越往上越是步履艰难，动力也越不足；快到山顶时，每进一步都要付出相当艰辛的努力，山顶就在眼前，可就是爬了许久，还是觉得离山顶那么远，不爬又不甘心，继续前进，又筋疲力尽，无可奈何。

有机构调查发现，65%的职业中人在职业发展中都曾遭遇职业瓶颈、难求发展的困惑和烦恼，还有些人面临着不进则退的危险。因此，如何打破职场瓶颈，进一步提升自己，超越平凡，首先要用责任心好好思考，以责任对自己的工作进行一番规划。

人的职场生涯会经历四个阶段：

第一阶段是初入职场，很多人在初入职场时，对于自己的职业定位和职业方向不甚了解，抱着"先干干或试试看"的态度工作。然后，会"这山望着那山高"，希望寻找新的"好工作"；而有责任心的人能踏踏实实地干好自己的第一份工作。

第二阶段是干了几年或十年左右。人在此阶段开始对自己的行业和所在的岗位有了初步的认识，对职业定位也有了一些模糊的概念，这个时期是处于职业的发展期，其实最需要明确职业发展方向和规划。

第三阶段是职业提升期。很多人具备了一定的工作能力，对于专业技术和工作经验有了一些积累，能够得心应手地处理一般事务，因此，提升职业能力、追求职业理想是这时期的目标。

第四阶段是职业的"瓶颈"期，有些人的职场生涯在这里开始发生转变：一种是原地踏步，一种是突破"瓶颈"，成为真正的精英。

不管是在职场生涯的哪个阶段，只有把学识、经验、综合能力有效结合，才能不断提升自己的素质，向更高的阶段迈进。那么，如何突破职业的"瓶颈"呢？

（1）在工作、学习中不断给自己"充电"。

有责任心的人在工作中会从老板、同事、竞争对手那里学到许多书本上没有的东西来充实自己的经验，"处处留心皆学问"，想把工作做得更好的人会从实践中努力学习。但是，要想得到向更高层次晋升和发展的机会，只有工作经验和实际工作能力是不够的，还要及时给自己的头脑"充电"，也许过去的学历背景已经不够用了，但不管工作再忙再累，也要抽出时间进一步提升学历，学习新的知识和技能，而这是一个非常实用的方法。

（2）明确自己的经验定位。

不盲目地照搬别人的经验，而是从各种经验中用心思考如何能让经验在工作中发挥出最大效用，这是确定自己的职业发展方向、突破职场生涯"瓶颈"最有效的方式。

（3）发展综合能力。

综合能力包括沟通、管理、财务、决策等各方面，这是决定你在工作中是否可以达到更高的高度的重要砝码，也是责任心的具体体现。

有责任心的人关注企业的发展，善于和同事、上司沟通，并把自己融入团队之中，尽心尽力为团队的利益、企业的效益服务，在竞争中谋求发展。

（4）节约时间，提高效率。

职业的"瓶颈"有些是人为造成的；有些可能是一个人要做的工作太多，没有时间反省和思考造成的；还有些可能是因为工作懒散拖拉的惰性所致。所以，一个有责任心的员工要懂得适时反思，多动脑筋，节约时间，提高工作效率，这是突破职业"瓶颈"的行之有效的方法。

节约时间不是压缩时间，而是带着责任心在规定时间内安排好事情的轻重缓急，尽量不要做无效劳动。提高工作效率也不是整天忙得焦头烂额、不可开交，甚至没有条理、没有秩序，"胡子眉毛一把抓"，而是应不断提高执行能力、落实能力，这才是有责任心的员工的表现。

大学一毕业，小王就来到一家外企做人力资源管理方面的工作，从默默无闻的小职员到部门经理，他在几年的时间里就晋升到很多人羡慕的中层管理岗位。而此时，和他同时期毕业的年轻人大多都遇到了难以突破的"瓶颈期"。有些同学对工作已经失去了刚自谋出路时的新鲜感，日渐疲惫，似乎患上了"职业枯竭症"；有些同学苦于业绩上不去，为晋升头疼不已。而小王为什么能一直保持着良好的竞争力呢？

原来，小王除了有对工作全力以赴的敬业精神之外，还善于对自身情况进行分析研究总结，并对未来的发展和规划了然于胸。他一边用工作中的经验处理一般事务，一边及时为自己补充新的人力资源管理方面的知识，一日事一日毕，对日常工作负责到底是他每天首先要做好的事。

他从入职之初就对自己的职业发展方向有了明确的定位：向高层行政管理的方向努力。他知道，要达到这样的目标不是一件容易的事，人力资源管理工作不只是埋头做好自己手头工作，还要注意与别人的沟通和互动，不管是和同事还是上司，要及时通过沟通处理和解决一些潜在的问题，使自己能更好地融入团队。

他把对工作的责任意识贯穿在点滴的工作中，主动发现问题并想方设法妥善解决。

一些带着怨气或满腹牢骚来人力资源管理部投诉的员工，总能在他的协调下满意而去。小王也从不在工作时间忙与之无关的杂事，他时时刻刻以对自己人生和对工作负责任的态度要求自己尽善尽美地做好工作中每一个细节。

在他的办公室里，你看不到杂七杂八的东西，办公桌上、文件柜里井井有条地摆放着与工作有关的各种文件、参考资料和最新人力资源管理的有关法规，记事本、备忘录在他的办公桌上也是井然有序地各自归类，以便随时查阅。

所以，如果你是一个时时忙碌的员工，认为自己总是全力以赴投入工作但业绩不见提高，或没有得到晋升，首先要先想想为什么会是这样？是因为自己的工作效率不高、效果不好，还是其他原因？仔细思考一下，看看如何发展得更好，才是对自己人生的负责。

当一个人无法突破职场"瓶颈期"时，保持自信，善于学习，不惧怕困难，学会用顽强的毅力面对很重要；同时还要不懈地努力奋斗，用心思考、反省。比如，整理记事本，听听同事的意见，找上司谈谈，看看有无改正的地方，是否扫清工作障碍，是否敢于承担风险等等。

做工作的过程中，要多总结、多反思、多动脑，并及时抽时间为自己"多充电"，这样"瓶颈"不愁不在你的用心下被突破。

第六章

负责到底就是履职担责

结果导向就是对结果负责

■ ■ ■ ➡

　　结果是评判事情的唯一标准，没有结果等于工作没有完成，没有结果的管理也将没有任何意义。

　　结果导向必须关注完成结果的过程，对过程负责就必须先对工作的程序负责，对工作程序负责的人才能真正对工作的结果负责。

　　富斯特是个公众演说家，他曾讲了一个自己亲身经历的故事。

　　"我安排了一次去多伦多的演讲。飞机在芝加哥停下来之后，我往办公室打电话以确定一切是否安排妥当。当我走到电话机旁，一种似曾经历的感觉浮现在脑海中：

8年前，同样是去多伦多参加一个由我担任主讲人的会议，同样是在芝加哥，我给办公室里那个负责材料的琳达打电话，问演讲的材料是否已经送到多伦多，她回答说：'别着急，我在6天前已经把材料送出去了。''他们收到了吗？'我问。'我是让××快递送的，他们保证两天后到达。'"

琳达觉得自己是负责任的：她获得了正确的信息（地址、日期、联系人、材料的数量和类型），她还选择了适当的货柜，亲自包装了盒子以保护材料，并及早提交给××快递，为意外情况留下了时间。但是，她没有对结果负责，由于大雪，飞机延误，以致后来富斯特没有及时收到材料。

富斯特继续讲他的故事："那是8年前的事情了。随着8年前的记忆重新浮现，我的心里有些忐忑不安，担心这次再出意外，我接通了助手艾米的电话，说：'我的材料到达目的地了吗？'"

"'到了，艾丽西亚3天前就拿到了。'艾米说，'但我给她打电话时，她告诉我听众有可能会比原来预计的多400人。不过别着急，她把多出来的也准备好了。事实上，她对具体会多出多少也没有清楚的预计，因为演讲会允许有些人临时到场再登记入场，这样我怕400份不够，保险起见又寄了600份。还有，她问我你是否需要在演讲开始前让听众手上有资料。我告诉她你通常是这样做的，但这次是一个新的演讲，所以我也不能确定。这样，她决定在演讲前提前发资料，除非你明确告诉她不用这样做。我有她的电话，如果你还有别的要求，今天晚上可以找到她。'"

"艾米的一番话，让我彻底放下心来。艾米知道对结果负责，对预先考虑可能出现的结果负责。负责的意义是关注效果，而结果是最关键的，艾米在结果没出来之前，她是不会放弃不管的——这是她的职责！"

工作中出了问题不可怕，但要达到完成，结果说话，尽量预先想多一些，想周全一些。对结果负责的员工会毫不拖延地用行动认真做事，用心关注细节，这样的员工是值得敬佩的。

一所大学图书馆的自来水设备出了故障，不久，水便溢得满地都是，致使许多珍贵的图书浸泡在积水中。

设备修好后，如何挽救被水泡湿的书籍，成为员工们讨论的话题。如果采取一般的烘干方式，就会毁掉这些珍品。于是，大家都在思考有没有别的办法。

其中有一个曾经从事过罐头生产的图书管理员想到一个好

办法。他们以前在制造罐头时，为排除水果中多余的水分，采用的是低温存放和真空干燥的手段。如果把这些湿透的图书当成水果，能不能在同样的条件下，既蒸干湿书中的水分，又能使图书完整无损呢？他把自己的想法告诉了馆长，没想到馆长竟然同意了他的设想，决定让他试一试。

于是，这名管理员先将一些湿书放进冰箱中冷冻，然后放入真空干燥箱中。过了几天，奇迹出现了，湿漉漉的书籍散尽了水分，这批珍贵的图书终于完整地保存下来了。

这个员工可谓用心思考，尽到了一个图书管理员应尽的责任。

成功，只有一个定义，就是对结果负责。有命必复，使命必达。企业需要的不仅仅是执行，更需要的是执行的结果，没有结果的执行对企业没有意义，只有把工作落实到位，赢得结果，企业才有生命力。

有一位著名的企业家曾这样说道："必须停止把问题推给别人，让自己真正承担起责任来。"

小李和小杨同是一家公司的销售人员。由于公司在外有许多欠款，领导让她两人去催讨欠款。

一个大客户三年前买了公司几万元产品，但总是以各种理由迟迟不肯支付货款。

小李去那个客户那里讨账。那客户没有给小李好脸色，他说那些产品在他们这个地方销售情况很不乐观，让她过一段时间再来。小李心想我已经尽力了，已经对工作负了责任，要不到钱也是没有办法的事，于是便返回了公司。

小李无功而返，小杨却没回去。小杨几次找那客户，那客户态度更差，他说他这段时间资金周转也很困难，他说等资金到位了一定还钱。小杨据理力争，希望客户尽快还钱。客户指桑骂槐地教训了她一顿，说她们公司几次派人来催账，摆明了就是不相信他，这样的话以后就没法合作。小杨并没有被客户的强硬态度吓退，她"见招拆招"，想尽了办法与那位客户周旋。最后那位客户只得同意给钱，开了一张现金支票给小杨。

小杨拿着支票回到公司，交给了公司的财务人员，财务人员去银行取钱时，被告知账上只有9999元。很明显，对方耍了个花招，因为账上少了钱，那张支票成了一张无法兑现的空头支票。如果不及时拿到钱，不知又要拖延多久。

小杨觉得应该对这件事情负责到底，因为这是她的工作。她灵机一动，自己拿出1元钱，把钱存到了客户公司的账户里去。

这样一来，账户里就有了1万元，财务人员立即将支票兑了现。

公司知道后，不仅将小杨垫出的这一元补给了她，还发给她500元的奖金，这是因为她有担当，更是因为她对结果负责。

对结果负责的人，才是对工作真正的负责。所有优秀的人，他们都有一个共同的特点：那就是对工作的结果负责。也就是说，只有对工作的结果负责，才能成为优秀的员工。不要总认为有无好结果那不是自己的事，或者说不是自己能力范围能担负得起责任的事，只要你对结果负责，任何事你都能够承担起责任，把事情做到最好。

每天督促自己进步

很多人获得成功的秘密在于每天都在督促自己进步。每天努力一点点，会使一个人最大程度地发挥自己的才能。

哈佛大学的学者们认为，现在的企业发展已经进入了全球化和知识化的时代。在这个阶段，企业将变为一个新的形态——学习型组织。在学习型组织中，无论是分配你完成一个应急任务，还是要求你超越简单的工作，如果你想在短时间内成为某个新项目的行家，就必须有善于学习、不断思考的责任意识和紧迫感，这样才能在职场中立于不败之地，在变化无常的环境中应付自如。

一个人要想做好本职工作，每天都应督促自己进步，这样才能不断得到工作上的提高，掌握新的知识，在实践中反思和总结对自己有益的经验。

曾在一家大型跨国公司担任销售经理的怀特，3年来一直忙于日常事务，在与形形色色的客户的应酬中度过了每一天。现在，他的一位下属，通过自学拿到了斯坦福大学的管理硕士学位，学历比他高，能力比他强，在数年的商战中获得了丰富的经验，而且，由于下属羽翼日渐丰满，销售业绩惊人，在公司的外贸洽谈会上，他以出色的表现，令一位眼光很高、很挑剔的大客户赞叹不已，也赢得了总裁青睐，被委以经理重任，而怀特则惨遭淘汰。

《礼记·大学》中有段话："苟日新，日日新，又日新。"其实，从平凡到优秀再到卓越并不是一件神奇的事，人需要做的就是：每天督促自己进步，哪怕进步一点点。要相信，成功就是靠这么一点点累积起来的。

的确，每天进步是职场人要面对的课题。那么，如何进步？都说"活到老，学到老"，学习可以发生在方方面面，无论在工作还是在日常生活中，都有可以学习的内容。人要想进步，获取新的知识，就必须不断地学习，充实自己的知识，扩展自己的视野，同时还要在实践中验证，助自己进步。一个人如果闭塞视听，就会成为时代的落伍者。

巴里·杰林斯先生是美国电子产业协会的副主席。他从年轻到年老都有明确的学习目标，始终知道自己要做什么。

他很早就打算进入电子领域。最终，如愿以偿进入了通用电气公司，后来，他发现大公司里的领导基本上都是一边忙于工作，一边分析世界形势。他开始对不在行的方面及时"充电"，关注世界形势和宏观经济局面，最可贵的是，在分析思考后，他总能提出深谋远虑的合理化建议。他的好学得到了老板的赏识，并得到升职和嘉奖。

三人行必有我师。我们身边的同事也是很好的学习对象，我们可以看他们怎么摆平"难缠"的客户，看他们怎么去做推广。学习不是简单的模仿，学习之后还要用心反省工作中的经验教训和收获。学习不是原搬照抄，学习是为了更好地指导工作和生活。所以，每个人一定要结合自己的实际情况，千万不要照搬照抄教条主义而忽视知识、专业的应用能力，只有这样才能有益于工作的成果和自己的成长，也才能为社会创造财富，并在学以致用中获得更多更丰富的知识。

当我们没有大树可以依靠，没有外力可以攀附，没有捷径可以找寻时，我们就要比他人多付出几分努力，这样我们就可每天进步一点点……

凯特，一个在电子通讯领域刚刚兴起时很有名的人，在他20岁的时候，出版了一本20万字的书《电子通讯故障排除大全》，并且获得不错的市场反响。他的方法是：通过大量的实践与知识积累，广泛收集相关资料，并尽可能地深入学习，用心思考并提出自己的观点，最后结集成书，供读者参考。最终他成为该行业的专家。

其实，凯特做的事情，绝大多数人也可以做到。南宋著名诗人陆游曾在《冬夜读书示子》中对他的儿子劝勉道："古人学问无遗力，少壮功夫老始成。纸上得来终觉浅，绝知此事要躬行。"这首诗就说明了这个道理。

这个世界上，机会总是会偏爱那些真正用心学习、思考的人，而刻苦勤奋、善于学习和工作的人，由于不断付出努力，总是会有回报的。成功来源于诸多要素的叠加，比如，每天笑容比昨天多一点点；每天走路比昨天精神一点点；每天行动比昨天多一点点；每天效率比昨天提高一点点；每天方法比昨天多找一点点……

每天进步一点点，每天督促自己进步，就是在离成功靠近一点点，一个企业，如果每天都进步一点点，试想，有什么障碍能阻挡它最终的辉煌？

不断提升自我价值

不管是在人生中还是在职场上，承担自己的责任，不逃避、不怠惰，就能体现自我价值，就能提升自我价值。

有价值的人，指的是成为一个真正对社会、对他人有用的人，人不断成长，亦不断增值。

在IBM公司，每一个员工工资的涨幅，都以一个关键的参考指标为依据，即承诺指标，就是个人业务的承诺计划。而制订承诺计划的过程是一个互动的过程。

在开始时，员工和主管坐下来共同商讨这个计划怎么做更切合实际，几经修改，达成计划。当员工在自己的责任计划书上签下自己的名字时，其实已经和公司立下了一个"军令状"，这意味着他要按"军令状"完成自己的任务。

到了年终，部门经理会在员工的"军令状"上打分，这一评价对于日后的晋升和加薪有很大的影响。当然，主管也有个人业务承诺计划，上级主管也会给他打分。而这个计划也是面向所有人的，谁都不允许"搞特殊"，都必须按这个规则走。

因为，对每个人来说，没有承诺指标就没有事业的发展，IBM的每一个经理都掌握着一定范围内的打分权，可以决定他领导的小组的成员工资增长额度，具体到每个人给多少，完全看员工的业绩和责任心。IBM就是这样来体现员工的自我价值的，这种奖励办法很好地体现了其推崇的"高绩效文化"和责任感。

实现自我价值，其实非常简单：努力 + 勤奋 + 坚持！在工作中体现一个人价值的最好方法就是把自己的责任踏踏实实地落实到工作的每一个环节，把自己的工作做得尽善尽美，无可挑剔。责任心能更好地发挥人的积极性，而那种既能跟企业风雨同舟，又能对团队的发展献计献策，并且业绩斐然的员工，一定会变成一位令老板倾心的不可取代的重要人物。

大多数情况下，人们会对那些容易解决的事情负责，而把那些有难度的事情推给他人。这种见功就揽、见过就推的人，是干不好工作的。一个人只要承担起自己的责任，用心工作，学会解决问题，那么，碰到再大的难题，自然也会找出方法来解决。

齐瓦勃出身贫寒，只受过短暂的学校教育。15岁那年，他到一个山村做了马夫。然而齐瓦勃无时无刻不在寻找着发展的机遇。

3年后，齐瓦勃来到"钢铁大王"卡内基所属的一个建筑工地打工。一踏进建筑工地，齐瓦勃就抱定了"出人头地"的信心。当其他人在抱怨工作辛苦、薪水低的时候，齐瓦勃却默默地干着工作，积累着工作经验，并自学建筑知识。

一天晚上，同伴们在闲聊，唯独齐瓦勃躲在角落里看书。那天恰巧公司经理到工地检查工作，经理看了看齐瓦勃手中的书，又翻了翻他的笔记本，什么也没说就走了。

第二天，公司经理把齐瓦勃叫到办公室，问："你学那些东西干什么？"齐瓦勃说："我想我们公司并不缺少打工者，缺少的是既有工作经验又有专业知识的技术人员或管理者，对吗？"经理点了点头。

不久，齐瓦勃就被升任为技师。齐瓦勃开始了"我要在业绩中提升自身价值，我要使自己工作所产生的价值，远远超过所得的薪水，只有这样我才能得到重用，才能获得机遇"的征途！

抱着这样的信念，齐瓦勃一步步升到了总工程师的职位上。25岁那年，齐瓦勃成了这家建筑公司的总经理。

就这样，齐瓦勃从一个普通打工者开始，直到成为公司的管理者，从未停止自我提升的脚步，不断创造出出色的业绩。

自我提升不是简单的再去读书、拥有个更高的学历，而是全方位提升自己的工作水平，有价值的人生是用"责任心"来工作，用"责任心"来为人。

一个员工怎样才能用"责任心"发挥出自己的价值，彰显出自己的业绩？最简单的方法就是认真负责地对待每一个工作细节，从底层的工作开始一点一滴地做好，不要总觉得自己比别人优越，而是要不断积累自己的实力，不断调整方向，一步步向着更高的目标提升自己。

自我价值的呈现方式异彩纷呈、多种多样，一个人如果处处以自我为中心，一遇挫折，就怨天怨地，提升自我价值是不可能的。反之，一个人在具有能力的基础上，以强烈的社会责任感和过硬的专业技术工作，就会提高自我价值。

社会提倡提升个人自我价值，途径就是善于学习、善于总结、善于反省、善于多干。

负责任的人找方法，没有责任心的人找"借口"。能够不把时间和精力花在找"借口"上，对工作保持一如既往的热情和耐心去努力工作的人，就能提升自我价值，因为这体现了他负责任的思想。

虚心向老板学习

▬ ▬ ▬▬➤

向你的老板学习是提升你工作能力的重要途径。

虽然有时候你不喜欢这样，但你确实有很多可以向老板学习的地方。每个老板都有自己的优点和缺点。如果你只是计较老板的缺点，那就会倾向于关注他性格中最差的一面以及他的失败之处。

老板毕竟是老板，他身上有着许多普通员工所没有的领导才能。像老板一样思考，像老板一样行动，潜心向老板学习，你就会主动去考虑企业的成长，考虑企业的问题，你就会感觉到企业的事情就是自己的事情。你就会知道什么是自己应该去做的，什么是自己不应该去做的。反之，你会认为自己永远是打工者，企业的命运与你无关。你不会得到老板的认同，不会得到重用，你的事业也不会有大发展。

方杰只要有机会与老板一起进行商业谈判，总是在口袋里偷偷揣上一个微型录音机。他将老板与对方谈判的内容一句句地录了下来，然后再回家偷偷地听，揣摩、学习，看看老板是怎样分析问题的，看看对方是怎样提问，老板又是怎样回答的。

方杰就这样向老板学习，几年以后也成为了一个商业谈判的高手。最后老板退休了，任命他为总经理。

方杰的成功，就是虚心向老板学习的结果！

老板与员工最大的区别就是：老板对公司有着超强的责任感，责任心让他们全心全意做好任何有关于公司利益的事。

所以，员工应虚心向老板学习，真正把公司的事情当作自己的事情来做，时刻把老板当成最好的老师，不在工作中得过且过，要能够为公司积极地出谋划策。同时，还应该敢于进取，在学习中不断提升自己的能力。

王明曾经遇到过一个好上司，这位上司告诉王明做工作只有尽职尽责，才能做好每一个工作细节，才能积累工作经验，而工作没有分内和分外之分，要想超越平庸就必须以老板的标准来要求自己。

上司不仅这样说，对王明的要求也是严厉得几乎不近人情。可事实证明，王明多付出的努力没有白费，几年后王明就升职了，并超越了自己的上司，担任了更重要的职务。

很多人的处世哲学大多是从那些对自己有影响的人——父母、老师、老板那里学来的。在家中，从父母身上我们可以学到许多为人处事的方法；在学校里，老师教给我们书本知识；在工作中，老板会对你严格要求，团队教会你工作实践经验。

几年前，李明的两位学生分别来找他咨询大学毕业后的就业问题。他们都是很聪明的年轻人，读书时成绩都非常好，兴趣和爱好也很广泛，对于他们来说，有许多工作机会可供选择。

当时李明的一位朋友创办了一家小型公司，于是李明建议两个年轻人去试试看。

他们俩分别去应聘，第一位前去拜访的是小刘，面谈结束后他打电话给李明，用一种不满的口气对李明说："这家公司居然只肯给月薪800元，我拒绝了。现在，我已经在另一家公司准备上班了，月薪1200元。"

后来去的学生是小王，尽管公司开出的薪水也是800元，尽管他同样有许多赚钱的机会，但是他却欣然接受了这份工作。当他将这个决定告诉李明时，李明问他："如此低的薪水，你不觉得太吃亏了吗？"

小王说："我当然想赚更多的钱，但是我对那个老板的印象十分深刻，也很佩服他，我觉得只要能从他那里多学到一些本领，薪水低一些也是值得的。并且从长远的眼光来看，我有责任提高自己的能力，在那里工作将会更有前途。"

当时小刘在另一家公司的薪水是年薪两万元，后来不管他再努力也只能赚到三四万元；而最初每月薪水只有800元的小王，通过不断虚心地向老板学习，经过一步步的努力，现在的固定月薪是5000元，外加红利。

这两个人的差异到底在哪里呢？差异就在于小王不断向老板学习，直至超越了自己并发展了自己。

大多数人在选择工作时有盲目地比较物质利益的问题，比如他们常问"月薪多少""工作时间长吗""有哪些福利""有多少假期"，以及"什么时候调薪"。

提出这些问题无可非议，但他们却忽略了一个重要的因素，那就是老板是最好的老师，老板能够让员工更好地认识到自己的不足，更快地学习到丰富的经验。

与什么样的人交往，对一个人的成长影响颇大。每个人都有自己崇拜的对象。

有些人崇拜和学习那些离我们遥远的伟人，却往往忽略了近在身边的智者，就像员工常常忽视了那些每天都在督促自己工作的老板和上司，而老板确实是值得学习的人。

老板之所以成为管理员工的"牧羊人"，必然有员工所不具备的优势。研究他们的一言一行，了解作为一名管理者所应该具备的知识和经验，是员工超越平庸的最好途径。

如果一名员工时时把老板当成最好的老师，以他们的标准要求自己，并把工作做得尽善尽美，就能很快进步。

工作中，面对比我们优秀的老板、上司，不要叹息自己的平庸或者骄傲的自以为是，要以他们为榜样激发自己不断前进的勇气。所以不要错过向老板学习的机会，只有这样，自己的人生价值才可以得到最大限度的体现。

充分发挥自己的专长

■ ■ ■ ➡

有人说：一个人要想创业成功，一定要有某项高精尖的技术，越高越好、越精越好、越尖越好（不管是你自己拥有的还是向他人购买的，当然最好是自己的），然后立足社会，越做越大。

具有专业化是人的优势，人的立身之本、立业之本！美国著名行为学家豪尔在题为《从自己的专长着手打造成功》的报告中，非常明确地指出："人与人之间的竞争，不是聪明与不聪明的比赛，而是专业优势的比较。成功者之所以成功，是因为充分施展了自己的优势。如果一个人能在自己的专长上发挥86％的能力指数，那么他就可以获取成功了。"

没有人是全能的，能将自己长处、优势充分发挥出来，就已经是相当不简单的了。人都有长处和不足，如果能够正确认识自己的长处，用心经营，必定会给自己的人生增值；相反，如果对自己的专长不用心经营，不能分清自己的长处和不足，则必定会使自己职场生涯不顺利。

一家著名的电脑公司公开向社会招聘高层管理人员。有一位女士也参加了应聘，但她既没有学过电脑，也没有从事过任何与电脑相关的工作。相比之下，一同应聘的竞争对手，都是受过专门训练的有经验的电脑工作人员。看起来，她成功的机会微乎其微。但电脑公司最终录取的却不是那些有经验的人，而是她。这是怎么回事呢？

原来，当那些熟悉的应聘者各显神通的时候，她却在不断地询问：公司管理层目前最关心的是什么问题？公司继续发展下去，应该成为一个怎样的公司？公司需要什么样的管理人才？……在经过周密的思考和认真的整理之后，她向公司递交了一份有关人力资源制度方面的详细报告，并在后面附上了自己的意见和建议。

正是从这份报告中，公司领导看到了她的才能，认为她是公司目前需要的管理人才。于是，她被电脑公司录用了。这家电脑公司，就是大名鼎鼎的惠普公司。而这位女士，就是卡莉·菲奥里纳。后来，45岁的她，成了惠普新的掌门人。

这就是多用一点心经营自己长处的成功案例。哲学家亚当斯说："再大的学问，也不如自己的长处来得有用。"如果一个人能集中精力把自己的长处发挥出来，也许离成功就近了许多。

天生我材必有用，每个人都有自己的闪光点。人要善于发现自己的长处，经营好自己的长处。当然，也不能固步自封，以为拥有了优势就会成功。有优势不等于拥有了成功的砝码，因为假如你只是倚仗现有的优势，不知努力，最终你曾经的优势也会失去。

深海中生活的寄居蟹，偶然间发现龙虾正在褪去坚硬的外壳，十分不解地问："硬壳是你唯一的优势，你把它褪去了，不是自寻死路吗？"

龙虾却告诉它，只有放弃这现有的"优势"，努力生出更坚硬的外壳，才能生存下去。

人也是一样的，只有不断努力，正确对待现有的优势，将优势深挖，才有成功的可能，否则，落后的"优势"反而有可能成为是人们最大的绊脚石。

那么，怎样经营好自己的优势呢？怎样将优势深挖呢？首先要了解自己的优势，这个很关键，有的人工作了一辈子不知道自己有何优势，这样经营优势就无从谈起。其二要建立自信，当你了解自己的优势所在时，要有信心表现出来。很多人不善于表现自己的优势，或有机会来临时不敢展现自己的才华，这样也无法发挥优势。当然人也不要盲目地乐观自信，正所谓山外有山，人外有人，即使你有才华，也不能骄傲，优势也需要经营，否则，优势也会落伍。

大仲马一生所创作的作品高达1200部之多。这个数字，几乎是萧伯纳、史蒂芬等名作家的10倍。

大仲马不爱社交，也没有其他特殊爱好，他甚至有些孤僻，但他总是聚精会神地忙于写作，只要一提起笔，他就会才思敏捷，甚至于忘记吃饭睡觉，就连朋友找他，他也不愿放下手上的笔，他总是将左手抬起来，打个手势以表示招呼之意，右手却仍然继续写着。他把自己的写作优势发挥到了极致。

避短扬长，是智慧的选择。马克·吐温作为职业作家和演说家，取得了极大的成功，可谓名扬四海。后来，马克·吐温想经商挣大钱，谁知却在经商路上栽了大跟头，吃尽苦头。

马克·吐温投资开发打字机，最后赔掉了5万元。马克·吐温看见出版商因为发行他的作品赚了大钱，心里不服气，也想发这笔财，于是他开办了一家出版公司。然而，经商与写作毕竟不是一回事，马克·吐温很快陷入了困境，他的出版公司破产倒闭，而他本人也陷入了债务危机。

经过这两次打击，马克·吐温终于认识到自己毫无商业才能，于是断了经商的念头，开始重操自己擅长的"行当"——写作与演讲。他在全国开展巡回演说。

这回，风趣幽默、才思敏捷的马克·吐温完全没有了商场中的狼狈，重新找回了感觉。最终，马克·吐温依靠写作与演讲还清了所有债务。

尺有所短，寸有所长。一个人也许兴趣广泛，掌握多种技能，但所有技能中，总有你的长项。

成功者的原则是：选择最能使自己全力以赴的、最能使自己的优势和长处得以充分发挥的岗位或职业。因为唯有利用自己的长处，才能给自己的人生增值；相反，不懂利用自己的长处或不懂规避短处，会在工作中碰壁。

美国著名政治家富兰克林说："宝贝放错了地方便是废物。"一个人能发挥出自己的优势，就可以不断改进自己的工作方法，攻克一个个难关。

把目标时刻放在心里

◼ ◼ ➡

目标很重要，因为目标是前进的动力。

古语云："有志者，事竟成，破釜沉舟，百二秦关终属楚；苦心人，天不负，卧薪尝胆，三千越甲可吞吴。"这段话说明了目标的重要性。

罗拉在大学读书时打算边学习边工作，她希望能在电讯行业找份工作，这样就可以实现自己的理想。她的父亲帮她联系到自己的一位老朋友，当时任美国无线电公司董事长的萨尔洛夫。

萨尔洛夫热情地接待了她，问她："你想做什么样的工作，做哪一个工种？"

罗拉想了想，回答说："随便哪份工作都行！"萨尔洛夫凝视着罗拉的眼睛，严肃地说："年轻人，世上没有一种工作叫'随便'，你的目标决定了你的人生使命，成功的人生是有目标的！"

这件事使罗拉意识到了明确目标的重要性。在她随后的人生中，她总是时时注意用有意义的目标指引自己的生活，她一边用心规划自己每一个阶段的目标，一边全力以赴完成自己的目标，做了很多实实在在的事情，取得了出色的业绩。

人应该有目标。没有目标的人，犹如无际大海中失去方向的航船，不知身处何方；没有目标的人，犹如无垠草原上奔跑的羊儿，不知去处何方。

小王也是个有目标的人，当企业的季度目标制订出来后，他会根据自己的工作任务制订月目标、周目标，并做好计划，不用上司说什么。最重要的是，他会按照目标有计划地扎扎实实一步一个脚印地认真执行，把责任落到实处。

人责任心的强弱决定了执行能力的高低，决定了目标能否实现。

一般人都知道狗熊掰玉米的故事，会说那只狗熊真贪心，见什么要什么，结果到头来什么都没留下。

狗熊为什么最终一无所有？因为狗熊没有专一的目标，没有时时把目标放在心里。

有一个年轻人应聘到一家汽车销售公司做汽车推销员，老板给了他一个月的试用期，一个月内如果他能推销出去一辆汽车，就留用；如果不能，就被辞退。

随后的日子里，这个年轻人辛苦奔波，但试用期快过去了，他却一辆汽车也没有推销出去。第30天的晚上，老板打算收回他的车钥匙，并告诉他明天不用再来了。但他说："还没有到晚上12点，今天还没有结束，所以我还有机会！"老板看了看这个执着的年轻人，决定给他最后的机会。

年轻人奔波了几个小时，累了，把汽车停在路边，坐在汽车里，他此时唯一的信念就是找到买家。此时已快到午夜，有人轻叩车门，是一位卖锅的人，身上挂满了锅，向他推销锅。

年轻人请这位卖锅人上车来取暖，并递上了热咖啡，两个人开始聊了起来。

年轻人问："如果我买了你的锅，接下来你会怎么做呢？"

卖锅者说："继续赶路，卖下一个。"

年轻人又问："全部卖完了以后呢？"卖锅者说："回家再背几十口锅出来卖。"年轻人继续问："如果你想使自己的锅越卖越多，越卖越远，你怎么办？"卖锅者说："那我就得考虑买部车了，不过现在我买不起。"

他们就这样聊着，越聊越开心，在此过程中年轻人依然不忘他的推销目标。

快到午夜12点的时候，卖锅者终于在年轻人这儿订下了一部汽车，提货时间是5个月以后，留下的订金是一口锅的钱。因为有了这份订单，老板留下了他。从那以后，他开始了推销史上的一段传奇。

15年间，他卖出了1万多部汽车，创造了推销史上的奇迹，被誉为"世界上最伟大的推销员"。

他就是乔·吉拉德。他之所以创造了奇迹，是他时时把目标放在心里的结果。在此后的工作生涯中，设立目标、完成目标成为他的工作原则。可见目标对人生具有多么深刻的意义。

所以，人的每一件事情都是从确立目标开始的。确立目标，行动才有依托；确立目标，才能时时把目标放在心里，保证目标实现。

1984年东京国际邀请赛上，名不见经传的日本选手山田本一，出人意料地获得了冠军，从此在马拉松的领域里名声大震，一战成名。

多年后，山田本一在自传中揭开了自己成功的秘密："每次比赛之前，我都要乘车把比赛的线路仔细地看一遍，并把沿途比较醒目的标志画下来，比如第一个标志是银行，第二个标志是一棵大树，第三个标志是一座红房子……

这样一直画到赛程的终点。比赛开始后，我就以百米的速度奋力向第一个目标冲去，等到达第一个目标后，我又以同样的速度向第二个目标冲去。40多公里的赛程，就被我分解成这么几个小目标轻松地跑完了。"

目标像一座灯塔、一个领路人，为每个人指明前进的方向，使人产生拼搏的动力。

在赛场上，每位运动员都有一颗当冠军的心，他们渴望胜利，渴望成功。NBA传奇巨星汤姆·贾诺维奇说："永远不要低估一颗冠军的心。"冠军是每位运动员的目标，是他们的梦想，是他们前进的动力。这就是为什么赛场上经常出现激烈的争夺场面，纵使精疲力竭、遍体鳞伤，因为他们要捍卫自己的梦想，要赢得胜利！

这就是目标的强大，目标的魅力！

打败心中拖延的"自己"

▬▬ ➡

一些员工有一种很不好的工作作风：本来可以随手处理的事，却拖得几天几周解决不了；或者几天内可以办的事，却几个月不见结果；还有的员工对需要解决的问题有意识地"踢皮球"，你踢向我，我踢向你，从不主动承担责任，导致工作效率极低。

这些人，都是没有责任心的人，也是有拖延症的人。人最大的敌人其实就是自己。如果放任自己懒惰、放纵，就会导致拖延症出现，责任心缺失。而负责任的人，会认真做好当下的事，一个阶段一个阶段地完成目标，直到把任务完成。他们从不拖延，他们是立即行动的人。

小王是一个很聪明的员工，但他缺点特别明显：沟通能力差，工作上有拖延症。比如，一件事交给他，定了截止时间，他却总是因各种理由和原因超出截止时间。

一方面他做事慢，效率低；另一方面，多种任务一起完成时，分不清轻重缓急，所以做了别的事就误了眼下的事。

小王的上司老张希望小王改掉拖延症，所以常常提醒他。但即便如此，许多时候小王还会误了工作，弄得老张非常苦恼。

一次，老张在会议上公开批评小王。小王爱"面子"，听后情绪低落，此后没多久，小王辞职了，老张心中更不是滋味，认为自己没能帮助小王，反而让小王丢了工作。很显然，老张提醒和批评小王没什么太大的效果。

拖延症形成的具体原因现有两种观点：一种观点认为，拖延是由一种或数种相对稳定的人格特征造成的，个体在各种不同的环境和条件下都可能拖延；另一种观点认为，拖延多是由环境中的不稳定因素造成的。

拖延症主要特征为：做事拖拉或是懒得去做，并因此影响情绪，不断地自我否定、自我贬低，伴随有诸如焦虑症等行为。

那么，解决拖延症有方法吗？

（1）"今日事今日毕"。今天能完成的工作，一定要今天完成。如果放任自己不完成，不仅影响工作，更容易影响个人职业发展，所以，克服拖延症，才能助力个人职业发展。

（2）学会分解目标，从中获取工作动力。

（3）行动力非常重要，不仅要自我监督，还要让别人监督自己。

（4）分清主次，把工作分成急并重、重但不急、急但不重、不急也不重四类，依次完成。

（5）消除干扰，将一切会影响你工作效率的东西统统抛开，全心全力地去做事情。

（6）不给自己拖延找任何借口。

（7）培养责任心。

"汽车大王"福特从小就在脑海中构想一种能够在路上行走的机器，用来代替牲口和人力。虽然全家人都要他在农场里做助手，但福特坚信自己可以成为一名机械师。

福特定目标，要求自己花一年的时间完成了别人需要三年才能完成的机械师训练，此后又要求自己花两年时间来研究蒸汽原理，实现他儿时的梦想，但没有成功。后来他调整心态，总结自己的问题，认为应把全部的精力投入到汽油机研究上来，终于，福特的创意得到了大发明家爱迪生的赏识，邀请他到底特律公司担任工程师。

经过十年坚持不懈的努力，福特成功地制造了世界上第一台汽车引擎。福特的成功完全归功于他正确的目标定位和不懈的努力。

明代陈章鱼有首著名的《明日歌》："明日复明日，明日何其多。我生待明日，万事成蹉跎。世人苦为明日累，春去秋来老将至。朝看水东流，暮看日西坠。百年明日能几何？请君听我明日歌！"

负责任的人，会时时提醒自己做事不拖延，用心做好当下的事，并把眼光放长远，为自己积累实力。因为未来是不确定的，职场"进化论"就是优胜劣汰。所以，对于那些曾经有过出色业绩的员工来说，千万不要认为打拼一段时间之后，就有了"老本"，因为，在激烈的竞争中永远没有"老本"可吃，人每天都要努力，并把眼光放长远，勇于接受挑战。

拖延是烈性的腐蚀剂。

如果你是一位销售人员，又恰巧是一个内向的人，那你就要每天"逼"自己主动与主要的业务伙伴联系，或是打电话，或是相约见面，为销售打开突破口；如果你是做事慢或爱拖沓的人，你要从现在开始培养自己的责任心，改掉做事磨蹭或拖沓的习惯，让自己行动起来，无论定什么目标必须做到，这样就会改正拖延症，适应职场不断的变化。

做"敢负责任的人"

▇ ▇ ▇ ➡

　　人在为工作目标奋斗的过程中要有追求上进的责任心，也就是要不断做一个不满现状的"责任者"，激励自己向更高的目标迈进，同时还要不断地告诉自己，我是个负责任的人，我可以做得更好。

　　人如果只满足于现状，那就永远无法超越别人。所以，无论从事何种工作，首先要做一个敢负责任的人。你必须证明自己可以处理任何事情，无论大小，这样才会被赋予更多责任，取得更大的进步。

　　有工作目标和追求上进的勇气，这只是工作的第一步。负责任才是进取的动力，可以让你在工作中脱颖而出。

不负责任的人爱找借口和理由。他们的借口各式各样、五花八门，但最常见的是"我会或我本来会……，但是……"抱怨也是不负责任的人另一个无用的借口，人如果只知一味抱怨，什么事都做不好，仍将无法进步。

拉里·希尔布洛姆是世界领先的快递公司敦豪的三个创始人之一。

创业之初，大银行和大运输公司都不愿将他们全球的快递业务交给这三个没有经验的毛头小伙子来做。希尔布洛姆认识到，创建敦豪全球网络绝对有必要，于是他们克服了重重困难，建好了大部分销售网络，最终以良好的服务赢得了客户良好的口碑和大量订单。

希尔布洛姆说他们这样做的唯一原因是："我们不能满足于现状，我们有责任让自己做得更好，我们相信我们能做好，结果，我们成功了。"

负责任的人通常有下面5个特征：

1. 做人的准则是履行诺言，说到做到，从不食言。

2. 以自身工作的高质量为自豪，不会为速度而牺牲质量。

3. 做事主动积极，不需要监督就能完成自己的工作。

4. 严格遵守道德规范。

5. 愿意承担新责任，并从中获得动力。

管理学家认为，人要成为负责任的人，要注重七方面的锻炼：

1. 有时间观念。

2. 学会正确思考。

3. 对接触的对象要有分辨能力。

4. 注意沟通的方式。

5. 不轻易承诺。

6. 能控制目标。

7. 情绪自控力强。

古人云："合抱之木，生于毫末；九层之台，起于累土；千里之行，始于足下。"负责任的人踏实肯干，不投机取巧。

曾有一位美国女子创造了一个奇迹——徒步穿越非洲，她不但穿越了森林和沙漠，也走过了400英里（约644米）的野地。

她的壮举令很多人感到吃惊。她的举动受到了世界各地媒体的广泛关注，当有人问她为什么这样做时，她回答说："因为我说过我会做到，我有责任履行自己的诺言，让自己做得更好。"

追求上进的责任心的确可以激发激励一个人向着自己目标前行。我们再来看看大家耳熟能详的英格丽·褒曼的故事：

这位享誉美国影坛的电影明星在14岁生日那天，收到了一份珍贵的礼物———本羊皮封面的厚厚的日记本，上面烫着她的名字，还带着一把锁和钥匙。

褒曼决定把自己的理想和人生目标写在上面，她在日记中写下这样一段话："我相信有一天，我会站在奥斯卡剧院的舞台上，观众坐在那里，充满敬佩之情地看着我，就像看着萨伯·伯恩哈特（当时著名的法国女演员）一样。"

凭借这种不满足于现状的决心，褒曼在23岁的时候，实现了自己的人生目标，步入了世界著名影星的行列。

一个人如果没有永远不满足于现状的责任心，就没有追求上进的动力。许多伟大的创业家，在他们的工作中总是不满足于现状，他们自我激励，直至达到他们设定的高目标。他们在此过程中热爱自己的事业，全身心地投入所从事的工作中，让自己的生命迸发出激情和光彩。

美国哲学家詹姆斯说："人应该不满足于现状，做一些别人做不到的事，才能比别人发展得更好。"这的确是一个永恒的真理，也是人生进步的基础和追求上进的阶梯。有一句名言与这个观点相同："容易走的都是下坡路。"所以，在工作中，只要不满足于现状，就能永葆工作的热情和活力，永葆上进心，实现一个个更高远的目标！

要有大局意识、全局观念

◼ ◼ ◼ ➤

人无全局观念，就容易走极端，甚至产生自私的思想。所以，有负责到底意识的人要有全局观念，有把握大局的眼光，为什么这样说呢？

工作中，我们必须时刻牢记自己的工作目标，目标与责任就好比是灯塔与航船的关系，目标给予责任以方向性指导，而责任则是使航船顺利躲避暗礁风浪、直抵目的地的保证。

人设立目标一定要清晰，不能模棱两可，要切合实际，这样才能在工作中少走弯路。

当人们的行动有明确的目标，并且目标是可执行而非好高骛远时，才能把自己的行动与目标不断对照，清楚地知道自己所处的位置与目标的距离，这时行动的动力就会增强，就会有克服困难的信心以及百倍努力的决心，直至达成目标。

当有人向著名管理大师彼德·德鲁克求证某个行动方案时，他总是不直接回答，而是先问对方目标是什么，然后才发表意见。

在彼德·德鲁克看来，行动之前把握好全局、明确自己的目标，是一件非常重要的事情。很多人只是成天叫嚷工作太难，可是当你问他们面临怎样的局势，要达到什么工作效果的时候，他们却哑口无言，说不出个所以然来，因为在他们心里根本就没有大局观念，所以也不可能有明确的目标。

作为公司的一名有责任感的员工，在工作时必须时刻明确自己现在的所作所为，有大局意识、全局观念，才能朝着既定的目标前进。

具体地说，在制订可执行的目标时，我们需要注意每一个目标要有可操作性，目标与"幻想"是有本质不同的，每一项目标都要有具体工作和项目作为支撑，有切实可行的措施作为保证，不要制订那些不太现实或者纯粹空想的目标。

有大局意识、全局观念的中国名人很多，他们为了国家的利益、民族的利益，不惜牺牲自己个人的利益。而历史上最有名的可能是负荆请罪的故事了。蔺相如凭自己的才能，一跃而为宰相，地位胜过了老将军廉颇，所以廉颇就千方百计要为难他。

而蔺相如以大局为重，他千方百计地避开和廉颇的冲突，为此蔺相如手下之人都为他不平，但蔺相如以大局的观念来做解释，廉颇后来也接受了这个大局观念，双方达成了"将相和"。

这个顾大局舍小我的故事，产生了现今两个成语：负荆请罪和刎颈之交。

"美国汽车巨头"福特曾经特别欣赏一个年轻人的才能，他想帮助这个年轻人实现自己的目标。可这位年轻人的目标把福特吓了一跳：原来年轻人的目标要赚到1000亿美元。

福特问他："为什么？"年轻人迟疑了一会，说："老实说，我也不知道。"

福特说："这不是你的目标，目标是有责任心地脚踏实地地实干，是有益于人类和社会发展的事业，而不能是虚无缥缈的幻想。"

这个年轻人就是典型的没有责任感的人，他把金钱当作衡量事业成功的标准，这种人怎么可能成功？

目标不一定非要用金钱、荣誉、地位等物质才能衡量，有时甚至一个承诺、一个任务的圆满完成都可以作为一个目标。

　　在一个雪天的傍晚，中士杰克先生匆忙地走在回家的路上。路过公园时，他被一个人拦住了。"先生，打扰一下，请问您是一位军人吗？"这个人看起来很着急。

　　"是的，我是，我能为您做些什么吗？"杰克急忙回答道。

　　"是这样的，我刚才经过公园门口时，看到一个孩子在哭，我问他为什么不回家，他说他是士兵，在站岗，没有接到命令他不能离开这里。原来他和一群孩子在玩游戏，不过现在和他一起玩儿的那些孩子都不见了，估计都回家了。我劝这个孩子回家，可是他不走，他说站岗是他的责任，他必须接到命令才能离开。他们在比赛，他的目标是要当最好的士兵——只有最服从命令的士兵才是最好的士兵。看来只能请您帮忙了。"

　　杰克心里一震，说："好的，我马上就过去。"

　　杰克来到公园门口，看见一个小男孩在哭泣。杰克走了过去，敬了一个军礼，然后说：

　　"下士先生，我是杰克中士，你站在这里干什么？"

　　"报告中士先生，我在站岗。"小男孩停止了哭泣，回答说。

"雪下得这么大，天又这么黑，公园门也要关了，你为什么不回家？"杰克问。

"报告中士先生，这是我的责任，我是最好的士兵，我不能离开这里，因为我还没有接到命令。"小男孩回答。

"那好，我是中士，我命令你现在就回家。你是最好的士兵。"

"是，中士先生。"小男孩高兴极了，还向杰克回敬了一个不太标准的军礼。

小男孩的举动深深地打动了杰克，他的倔强和坚持看起来似乎有些幼稚，但他所体现的责任和守信却是很多成年人都无法做到的。后来杰克中士经常给士兵们讲起这个故事。

社会需要责任，工作需要责任，但负责也要有大局意识、全局观念，大局意识、全局观念是完成工作目标的保证，是让自己的事业发展得更好的基础。